Dominik Kern

**Neuartige Drehgelenke für reibungsarme Mechanismen –
Auslegungskriterien und Berechnungsmethoden**

Karlsruher Institut für Technologie
Schriftenreihe des Instituts für Technische Mechanik

Band 22

Eine Übersicht über alle bisher in dieser Schriftenreihe
erschienene Bände finden Sie am Ende des Buchs.

Neuartige Drehgelenke für reibungsarme Mechanismen – Auslegungskriterien und Berechnungsmethoden

von
Dominik Kern

Dissertation, Karlsruher Institut für Technologie (KIT)
Fakultät für Maschinenbau
Tag der mündlichen Prüfung: 28. August 2013
Referenten: Prof. Dr.-Ing. Wolfgang Seemann, Prof. Dr.-Ing. Thomas Sattel

Impressum

Karlsruher Institut für Technologie (KIT)
KIT Scientific Publishing
Straße am Forum 2
D-76131 Karlsruhe
www.ksp.kit.edu

KIT – Universität des Landes Baden-Württemberg und
nationales Forschungszentrum in der Helmholtz-Gemeinschaft

Diese Veröffentlichung ist im Internet unter folgender Creative Commons-Lizenz
publiziert: http://creativecommons.org/licenses/by-nc-nd/3.0/de/

KIT Scientific Publishing 2013
Print on Demand

ISSN 1614-3914
ISBN 978-3-7315-0103-9

Kurzfassung

In vielen Bereichen der Technik, insbesondere der Mikrofertigung, gibt es einen Bedarf an spiel- und reibungsarmen Mechanismen, die Stellwege im cm-Bereich mit hoher Präzision erzeugen. Solche Mechanismen können bisher weder mit konventionellen Gelenken (Wälzlager, geschmierte Gleitlager) noch mit Gelenken der Mikro- oder Nanopositionierung (Festkörpergelenke) erreicht werden. Die vorliegende Arbeit setzt an diesen Defiziten an und entwickelt neue Lösungsansätze. Zu den erarbeiteten Vorschlägen gehören Festkörpergelenke für große Ausschläge und Trockengleitlager mit Reibwertglättung.

Gegenstand der Arbeit sind Auslegungskriterien, Berechnungsmethoden und Schnittstellenkonzepte, um die neuen Drehgelenke mechanisch und regelungstechnisch in Maschinen oder Module zu integrieren. Die Ausführungen beziehen sich beispielhaft auf die Verfahreinheit einer kleinen Werkzeugmaschine.

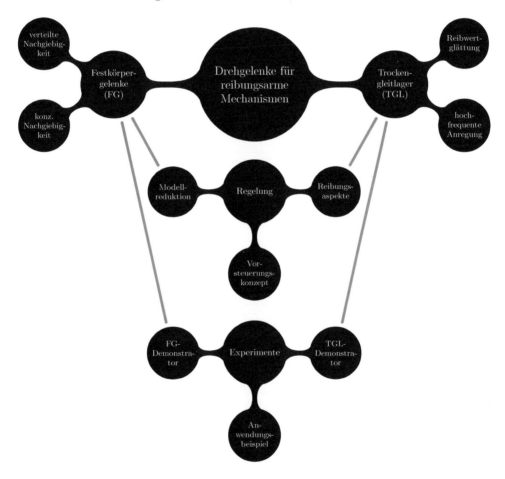

Struktur der Arbeit

Inhaltsverzeichnis

1	**Einleitung**	**1**
2	**Neue Anforderungen an Mechanismen der Mikrofertigung**	**3**
	2.1 Aktueller Stand der Mikrofertigung	4
	2.2 Verfahreinheiten in Werkzeugmaschinen und Mikropositioniertechnik	6
	2.3 Gelenke und Führungen als Maschinenelemente	7
	2.4 Entwicklung einer Verfahreinheit auf Basis eines reibungsarmen Mechanismus	9
3	**Festkörpergelenke als spiel- und reibungsfreie Drehgelenke**	**13**
	3.1 Stand der Technik	14
	3.2 Festkörpergelenke mit verteilter Nachgiebigkeit	16
	3.3 Festkörpergelenke mit konzentrierter Nachgiebigkeit	31
	3.4 Übergang von konzentrierter zu verteilter Nachgiebigkeit	38
	3.5 Anwendungsbereich und Gestaltungsrichtlinien	43
4	**Trockengleitlager als spiel- und reibungsarme Drehgelenke**	**45**
	4.1 Stand der Technik	45
	4.2 Reibwertglättung durch hochfrequente Schwingungsanregung	47
	4.3 Erzeugen der Reibwertglättung im Trockengleitlager	52
	4.4 Konstruktionsvorschlag eines Trockengleitlagers mit Reibwertglättung	61
5	**Regelungstechnische Integration der neuartigen Drehgelenke**	**69**
	5.1 Stand der Technik in der Positionsregelung	69
	5.2 Vorsteuerungskonzept für die Positionsregelung	70
	5.3 Kinematik und Kinetik des parallelkinematischen Beispielmechanismus	71
	5.4 Regelungstechnische Aspekte der Festkörpergelenke	78
	5.5 Regelungstechnische Aspekte der Trockengleitlager	83
6	**Experimente und Beispielanwendung**	**91**
	6.1 Gelenkdemonstratoren im Einzelversuch	91
	6.2 Einsatz der Drehgelenke in einer Verfahreinheit	101
7	**Zusammenfassung und Ausblick**	**111**
Anhang		**114**
	A Lösung der Elastica-Gleichung für große Biegungen	115

B Ergebnisse der inversen Dynamik　　　　　　　　　　　　　　　**119**
　　B.1　Kinematische Ergebnisse 120
　　B.2　Kinetische Ergebnisse 126

C Aspekte der Entwicklung eines Prototyps　　　　　　　　　　　**133**
　　C.1　Schnittstellen- und Kommunikationskonzept der Verfahreinheit 133
　　C.2　Konstruktive Umsetzung der Verfahreinheit 134
　　C.3　Vision einer Beispielmaschine 135

Literaturverzeichnis　　　　　　　　　　　　　　　　　　　　　　　**137**

1 Einleitung

Der Trend zur Miniaturisierung ist allgegenwärtig. Dies ist besonders bei Produkten des täglichen Lebens sichtbar. So werden Mobiltelefone, Laptops und Kameras bei ständig zunehmender Funktionalität immer kleiner. Miniaturisierung findet sich in der Informationsverarbeitung in Form immer kleinerer Festplatten und kleinerer anderer elektronischer Komponenten. In der Medizintechnik begegnet sie uns in Gestalt von hochintegrierten Endoskopen. Der Markterfolg dieser Produkte stellt Anforderungen an den Maschinenbau. Um ökonomisch und ressourcenschonend zu produzieren, müssen die Maschinen an die Produkte angepasst werden. In der Ausschreibung [93] des dadurch motivierten Schwerpunktprogramms (SPP) 1476 der Deutschen Forschungsgemeinschaft (DFG), in das sich diese Arbeit einreiht, wird die heutige Situation treffend beschrieben.

Bereits heute werden in einer Vielzahl technischer Investitions- und Konsumgüter Mikrostrukturen, entweder als eigenständiges Mikrobauteil oder als Bestandteil von größeren Bauteilen, für den Menschen nicht sichtbar, verwendet. Unter anderem in Produkten der Mechatronik, Fluidik, (Mikro)Formen- und Werkzeugbau, Medizintechnik, Optik, Energietechnik, Biotechnik oder im Plagiatsschutz sind Mikrostrukturen zu "nden. Eine erhebliche Hebelwirkung für den verstärkten Einsatz von Mikrobauteilen entsteht zudem durch deren Verwendung in Produkten des Maschinen- und Fahrzeugbaus. Die benötigten Strukturen zeichnen sich typischerweise durch Kantenlängen zwischen einigen Mikrometern und wenigen Millimetern aus. Der aktuellen Entwicklung folgend werden die Anforderungen in den Bereichen Komplexität, Funktionalität und verwendbarer Werksto e bei fortschreitender Miniaturisierung weiter steigen.

Betrachtet man Mechanismen, essentielle Komponenten vieler Maschinen, so wird klar, dass kleine Wege und Geschwindigkeiten erzeugt werden müssen. Die Voraussetzung dafür sind spiel- und reibungsarme, idealerweise spiel- und reibungsfreie, Gelenke und Führungen. Diese Arbeit konzentriert sich auf Drehgelenke als Elemente solcher Mechanismen. Drehgelenke sind Schlüsselstellen der Bewegungserzeugung. Es entsteht folgende Problematik. Einerseits sind kleine Bewegungen und Geschwindigkeiten anfällig für reibungsinduzierte Effekte wie Losreißen und Ruckgleiten, andererseits fällt die Größe des Lagerspiels relativ zum kleiner werdenden Arbeitsraum immer stärker ins Gewicht. Eine Spielreduktion führt zu höherer Flächenpressung und verschärft die Reibungsproblematik. Hier sind neue Ansätze gefragt. In dieser Arbeit werden zwei neue Konzepte aufgezeigt: ein Konzept beschäftigt sich mit Festkörpergelenken, ein zweites betrachtet Trockengleitlager mit Reibwertglättung. Festkörpergelenke sind reibungs- und spielfrei. Sie werden bereits mit Erfolg in der Nano- und Mikrotechnik für sehr kleine Wege eingesetzt. Diese Wege sind kleiner als für viele Anwendungen gefordert. So besteht beispielsweise in der Produktionstechnik Bedarf nach deutlich größeren Wegen als sie marktübliche, festkörpergelenkbasierte Mechanismen bieten. Der erste Teil der Arbeit geht deshalb der Frage nach, wie weit sich die Vorteile der Festkörpergelenke auf größere Arbeitsräume ausdehnen lassen. Da sich mit Gelenken, die auf elastischen Verformungen basieren, nur begrenzte Ausschläge erreichen lassen, wird als Ergänzung eine zweite Lagervariante für unbegrenzte Drehwinkel untersucht. Zu diesem Zweck wird in einfach zu fertigenden Gleitlagern das Lagerspiel reduziert. Durch hochfrequente Anregung wird das makroskopisch wirkende Reibverhalten derart beeinflusst, dass keine störenden Reibungseffekte mehr auftreten.

Aufgrund der hohen Relevanz reibungsarmer Mechanismen für die Mikrofertigung orientiert sich diese Arbeit am Einsatz in entsprechenden Anwendungen. So wird in Kapitel 2 der aktuelle Stand der Produktionstechnik aufgezeigt und die neuartigen Drehgelenke werden in den Kontext kleiner Werkzeugmaschinen eingeordnet. Dabei dient eine Verfahreinheit, eine Komponente kleiner Werkzeugmaschinen, als Anwendungsbeispiel. In Kapitel 3 und 4 folgen die Modelle und Auslegungsgrundlagen für beide Gelenkvarianten: Festkörpergelenke für große Ausschläge und Trockengleitlager mit Reibwertglättung. Anschließend werden beide Gelenkvarianten in Kapitel 5 auf ihre regelungstechnischen Besonderheiten untersucht. Ziel der Arbeit ist es, einen Methoden-Werkzeugkasten für die Verwendung der neuartigen Drehgelenke bereitzustellen. Das Anwendungsbeispiel einer Verfahreinheit dient zur Veranschaulichung der Vorgehensweise. Experimente an einzelnen Gelenkdemonstratoren und die Auslegung der genannten Verfahreinheit in Kapitel 6 bilden den Abschluss.

2 Neue Anforderungen an Mechanismen der Mikrofertigung

Für die Herstellung von Mikrobauteilen gibt es einerseits lithographiebasierte Verfahren und andererseits die Miniaturisierung herkömmlicher Fertigungsverfahren. Die lithographiebasierten Verfahren ermöglichen die höchste Präzision. Sie erlauben Strukturdetails bis in den Bereich von 50 nm [74]. Allerdings sind sie auf Dicken bis 3 mm beschränkt und die Fertigungskosten, insbesondere gestufter Strukturen, sind im Vergleich zur Mikrozerspanung sehr hoch. Der folgende Auszug einer Analyse zur Mikrofertigung [93] drückt das Potential der Miniaturisierung herkömmlicher Fertigungsverfahren treffend aus.

Für die Herstellung der heute verwendeten Strukturen steht ein breites Verfahrensspektrum zur Verfügung. Den höchsten gestalterischen Spielraum bezogen auf die Werksto auswahl und die zu erzeugende Geometriekomplexität ermöglichen die trennenden und abtragenden Verfahren, die auf dem Einsatz mechanischer, thermischer oder (elektro)chemischer Energie basieren.

Die genannten Verfahren werden durch Werkzeugmaschinen umgesetzt. Im Rahmen der Miniaturisierung sollen kleine Werkzeugmaschinen entwickelt werden, die sich in das Square Foot Manufacturing Concept • [163] einordnen. Dies bedeutet veranschaulicht, dass eine Maschine zur Bearbeitung eines zigarettenschachtelgroßen Bauteils auf einem Schreibtisch Platz findet. Abb. 2.1 zeigt ein Beispiel. Der Begriff Miniaturisierung herkömmlicher Fertigungsverfahren legt den Schluss nahe, es handele sich um eine Skalierung bestehender Maschinenkonzepte. Tatsächlich aber sollen neue Konzepte entwickelt werden, die in konventionellen Werkzeugmaschinen nicht praktikabel waren und erst auf der kleinen Skala ihren vollen Nutzen entfalten.

In diesem Kapitel wird der Stand der Forschung aufgezeigt und anschließend das Konzept einer innovativen Verfahreinheit als Anwendungsbeispiel der neuartigen Drehgelenke vorgestellt. Beim Stand der Forschung wird zunächst ein Überblick über die aktuellen Aktivitäten in der Mikrofertigungstechnik gegeben. Danach verengt sich der Fokus über Werkzeugmaschinen und Verfahreinheiten auf Drehgelenke. Sie sind der Hauptgegenstand dieser Arbeit und sollen als generisches Maschinenelement in Mechanismen und Maschinen der Mikrofertigung ein ießen.

2 Neue Anforderungen an Mechanismen der Mikrofertigung

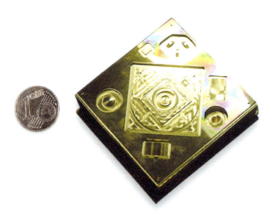

Abbildung 2.1: Aktueller Stand der Mikrozerspanung : Bauteile im cm-, Strukturen im mm- und Toleranzen im μm-Bereich [128]

2.1 Aktueller Stand der Mikrofertigung

Momentan werden kleine Werkstücke mit Abmessungen im cm-bereich auf Werkzeugmaschinen mit unverhältnismäßig großen Bauräumen (m-Bereich) bearbeitet. Um diese Missverhältnisse zwischen Arbeits- und Bauraum zu beheben, wurde das DFG Schwerpunktprogramm SPP 1476 ins Leben gerufen. Der Bedarf nach kleinen Werkzeugmaschinen drückt sich in dessen Motivationsschreiben [162] aus.

Für die Werkstücke zahlreicher Branchen, wie z.B. der Medizintechnik, Optik, Biotechnik, Mechatronik, Fluidik, des (Mikro-)Formen- und Werkzeugbau, der Mikroreaktortechnik aber auch neuer Gebiete, wie dem Plagiatsschutz, ist eine verstärkte Miniaturisierung, Funktionsintegration und Komplexitätssteigerung absolut notwendig, um mit dadurch herstellbaren innovativeren Produkten wirtschaftlich erfolgreich zu sein. Aktuelle Forschungsaktivitäten widmen sich primär der Skalierung von Fertigungsverfahren und der Bildung komplexer Prozessketten zur Herstellung von Mikrowerkstücken. Ein intensiver Forschungsbedarf besteht jedoch, um die zur Mikrofertigung notwendigen Werkzeugmaschinen für die neuen Anforderungen zu quali"zieren. Dieser Entwicklungsbedarf lässt sich aus der Betrachtung einfacher Kenngrößen, wie dem Bauraum, der Größe des Arbeitsraumes, der zum Betrieb notwendigen Energie oder der bewegten Massen der Werkzeugmaschinen ableiten, die in einem dramatischen Missverhältnis zum Volumen oder der Masse der nur wenige Millimeter großen Werkstücke mit Strukturen im Mikrometerbereich stehen.

Aus diesem Grund sollen neuartige Antriebs-, Bearbeitungs- und Messkonzepte erforscht und entwickelt werden, welche die hohen Ressourcen- und Energieverbräuche sowohl bei der Herstellung als auch im Betrieb der Werkzeugmaschinen reduzieren. Eine große Bedeutung kommt dem Begriff des Befähigers • zu. Darunter versteht man Konzepte und Technologien, die erst beim Unterschreiten einer gewissen Maschinengröße praktikabel sind und ihren vollen Nutzen entfalten. Gegenwärtig laufende Arbeiten zeigen das große Interesse an Maschinen, die eine kompakte Realisierung mit einer hohen Genauigkeit kombinieren. Drei Beispiele sollen die Problematik und den Stand der Technik veranschaulichen. An der University National Autonomy of Mexico wurde eine Umgebung für die Mikrostrukturbearbeitung entwickelt, die eine Größe von 130 × 160 × 85 mm besitzt. Sie bearbeitet Werkstücke unterschiedlicher Materialien einer Größe bis zu 50 μm [92].

Kommerziell vertriebene Maschinen werden zum Beispiel von der Kugler GmbH oder der KERN Mikro- und Feinwerktechnik GmbH & Co. KG entwickelt und produziert. Sie weisen eine hohe Präzision (Submikrometerbereich), aber auch ein sehr ungünstiges Verhältnis von Bau- zu Arbeitsraum auf.

Am Fraunhofer-Institut für Produktionstechnologie (IPT) in Aachen wurde eine Kompaktfräsmaschine, genannt MiniMill•, für den Werkzeug- und Formenbau aufgebaut. Sie benötigt eine Aufstellfläche von etwa einem Quadratmeter und erreicht eine Fräser-Positioniergenauigkeit von 2 μm [19].

Japanische und amerikanische Forscher entwickelten Minifabriken zur Produktion von Wälzlagern. Die Werkzeuge dieser Fabriken wurden an die kleinen Abmessungen skaliert [73, 118, 144].

Eine Analyse dieser Beispiele verdeutlicht das Hauptproblem. Der Aufbau dieser Miniwerkzeugmaschinen weist die klassischen Komponenten und Kinematiken des konventionellen Präzisionsmaschinenbaus auf. Die Verwendung dieser bekannten und getesteten Strukturen des Makrobereichs für heutige Mikromaschinen führt zu ungünstigen Störkonturen. Diese können die erreichbare Bauteilkomplexität einschränken. Gerade im Mikrobereich ist jedoch ein ganzheitlicher, neuartiger Ansatz anzustreben, wie von Wulfsberg [162] präzise formuliert wird.

Heute kommerziell verfügbare Werkzeugmaschinen zur Herstellung von Mikrobauteilen sind evolutionär abgeleitete Derivate der in der Makrofertigung eingesetzten Maschinen, die sich in den geometrischen Abmessungen, den verwendeten Elementen (Gestelle, Führungen, Antrieben, Steuerungen) und der Kinematik ähneln. Bezieht man wesentliche technische, ökonomische und ökologische Kenngrößen der Maschinen auf die Größe der damit hergestellten Bauteile, ergeben sich zwischen den Maschinen der Makrofertigung einerseits und denen der Mikrofertigung extreme Missverhältnisse. Diese sind heute dadurch gekennzeichnet, dass ihr Arbeitsraum oft die zu erzeugende Mikrostruktur um mehrere Größenordnungen übersteigt. In der Folge steigt damit im Verhältnis von Arbeitsraum zu Werkstückabmessungen, das Verhältnis von bewegter Maschinenmasse zu Werkstückmasse und damit sowohl der einmalige Aufwand zur Herstellung als auch der Energiebedarf während des Betriebs der Maschine. Diese Nachteile des zu großen Arbeitsraumes müssen heute in Kauf genommen werden. Neben den Auswirkungen auf den Energiebedarf limitieren die oben genannten Verhältnisse ferner die auf heutiger Maschinentechnik fertigbaren Bauteilkomplexitäten. Der Hauptgrund für diese Tatsache ist dabei in den Störkonturen der Maschinenkomponenten zu sehen. So ergeben sich beispielsweise bei der 5-Achs-Bearbeitung mit heutiger Maschinentechnik suboptimale Aufspannsituationen in Verbindung mit großen Pivot-Längen, was wiederum zu großen Verfahrbewegungen und hohen erforderlichen Beschleunigungen führt. Vor diesem Hintergrund sind sowohl der Wirtschaftlichkeit, als auch der Komplexität bei der Herstellung von Mikroteilen/-strukturen mit den heutigen Maschinen Grenzen gesetzt, welche nur durch eine signi"kante Minimierung der

Verhältnisse von Arbeitsraum zu Werkstückabmessungen und bewegter Maschinenmasse zu Werkstückmasse durchbrochen werden können. Insbesondere im Hinblick auf die zunehmende Verbreitung der betrachteten Bauteile erscheinen die heutigen Möglichkeiten zur Herstellung unbefriedigend. Forschungseinrichtungen aus dem In und Ausland haben diese Mängel erkannt und versuchen einzelne Fähigkeitslücken zu eliminieren. Das genutzte Werkzeug ist dabei zumeist die Skalierung bestehender Maschinenkonzepte, also vorhandener Kinematiken, Strukturen und Elemente.

In den nächsten Abschnitten werden bisherige Verfahreinheiten und Drehgelenke aus verschiedenen Bereichen der Technik aufgelistet und damit die Grundlage für neue Lösungen geschaffen.

2.2 Verfahreinheiten in Werkzeugmaschinen und Mikropositioniertechnik

Verfahreinheiten sind Grundkomponenten einer Werkzeugmaschine [157]. Sie ermöglichen die Bewegung von Werkstück oder Werkzeug während der Bearbeitung. Es existieren Lösungen für geradlinige, ebene oder dreidimensionale translatorische Bewegungen, die teilweise noch um Drehen oder Neigen erweitert sind. Als Antriebe kommen überwiegend Elektromotoren zum Einsatz, deren Bewegung oftmals noch durch Zahnstangen oder Gewindetriebe übersetzt werden.

2.2.1 Serielle Kinematik und Parallelkinematik

Die Mehrzahl der konventionellen Werkzeugmaschinen verwendet serielle Kinematiken [27]. Sie basieren auf Mechanismen, bei denen sich jede Achse an die vorherige anschließt. Es wirkt jeweils ein Aktor auf eine Achse. Sowohl der mechanische Aufbau als auch die Regelung sind dadurch einfach. Nachteile sind schlechtere dynamische Eigenschaften und die Akkumulation von Führungsfehlern. Außerdem nimmt der notwendige Bauraum mit jeder Achse zu und die Beschleunigungen verringern sich infolge der Zunahme an bewegter Masse. Parallelkinematiken bieten einige Vorteile:

> geringe Anzahl bewegter Massen und dadurch eine erhöhte Dynamik gegenüber seriellen Kinematiken
>
> hohe Steifigkeit, zusätzlich sind sie Achsen gegeneinander verspannbar
>
> Erleichterung der gleichzeitigen messtechnischen Erfassung aller geregelten Freiheitsgrade
>
> modularer Aufbau, da viele Gleichteile verwendet werden können
>
> geringe Sensitivität gegenüber geometrischen Fehlern

Nachteilig ist, dass die Zusammenhänge zwischen Antriebskoordinaten und Raumkoordinaten des Endeffektors schwieriger zu bestimmen sind [109]. Die Art der Kinematik richtet

(a) Bauraum: 45 x 45 x 6mm, Arbeitsraum: 20 x 20 μm

(b) Bauraum: 35 x 35 x 30mm, Arbeitsraum: 19 x 19 mm

Abbildung 2.2: Nano- und Mikropositioniertische der Firma PI [120]: P-713 (a), Kombination zweier M-663 (b)

sich im Wesentlichen nach Art und Anzahl der gewünschten Freiheitsgrade. Für zwei translatorische Freiheitsgrade (x,y) existieren die Bipod- und die Biglide-Kinematiken [143]. Gewindetrieben kombiniert.

2.2.2 Verfahreinheiten der Mikropositioniertechnik

Als Orientierung für die Gestaltung neuartiger Verfahreinheiten für kleine Werkzeugmaschinen sind Nanopositioniertische aus der Halbleiterindustrie und Mikroskopie relevant. Sie stehen bezüglich der Kürze ihrer Stellwege auf der anderen Seite des Spektrums bisher verwendeter Verfahreinheiten, wie sie u.a. in konventionellen Werkzeugmaschinen vorkommen. Zum Erfüllen der hohen Genauigkeitsanforderungen (nm-Bereich) werden die Freiheitsgrade durch Festkörpergelenke realisiert. In diesen Anwendungen der Nanopositioniertechnik sind die Stellwege (μm-Bereich) und damit die Verformungen klein. Als Aktoren kommen vor allem piezoelektrische Keramiken zum Einsatz. Mikropositioniertische (Stellwege im mm-, Genauigkeitsforderungen im μm-Bereich) werden durch Gewindetriebe oder piezoelektrische Ultraschallmotoren angetrieben. Als Beispiele (Abb. 2.2) können hier Mehrachsentische der Firma PI Physikinstrumente aufgeführt werden.

2.3 Gelenke und Führungen als Maschinenelemente

Ein ideales Gelenk ist freigängig in Bewegungsrichtung und starr in allen anderen Richtungen. Es sollte frei von Spiel und Geräuschen sowie einfach zu montieren sein. In der Praxis lassen sich diese Forderungen nur näherungsweise erfüllen. Je nach Anwendungsgebiet sind

(a) Wälzführungen (b) Wälzlager

Abbildung 2.3: Führungen und Gelenke konventioneller Werkzeugmaschinen [136]

Kompromisse zu finden. Man unterscheidet in drehbare Lager, bei denen nur die Rotation und in Führungen, bei denen nur die Translation gewollt ist. In konventionellen Werkzeugmaschinen kommen typischerweise Wälzlager als Drehgelenke zum Einsatz. Lediglich zur Lagerung der Hauptspindel sind oft auch hydrodynamische Gleitlager zu finden. Als Linearführungen kommen Gleit- und Wälzführungen gleichermaßen zum Einsatz. In der Mikrotechnik ist die Forderung nach Spielfreiheit besonders wichtig. Jedes Spiel wirkt sich direkt auf die Position des Endeffektors und somit auf die Präzision der Maschine aus. Das fertigungstechnisch unvermeidbare Spiel lässt sich nur bedingt skalieren und fällt bezogen auf den Arbeitsraum stark ins Gewicht.

2.3.1 Wälzlager und -führungen

Abb. 2.3 zeigt typische Vertreter für Wälzlager und Wälzführungen. Es existieren Präzisions-Miniaturkugellager, z.B. der Firma SBN [135]. Ihrer Skalierung nach unten sind technologische und ökonomische Grenzen gesetzt. Je nach Lagerart lassen sich Wälzlager axial, radial oder in beiden Richtungen gleichzeitig vorspannen [91]. Dadurch lässt sich das Betriebsspiel reduzieren. Neben dem technologischen Aufwand der Fertigung und Montage der Vorspannelemente (Distanzscheiben, Federn, Ringmuttern) für kleine Abmessungen besteht ein weiterer Nachteil in der erhöhten Anfälligkeit gegenüber reibungsinduzierten Effekten (Ruckgleiten, Losreißen, Erwärmung). Diese störenden Effekte begrenzen die Größe der Stellwege und der Geschwindigkeiten nach oben und unten.

2.3.2 Festkörpergelenke

Der Einsatz von Festkörpergelenken in Mechanismen stellt eine Alternative zu konventionellen Gelenken dar [126]. Sie sind seit geraumer Zeit in der Nanotechnik im Einsatz [120]. Da bei diesen Gelenken die Bewegung durch elastische Verformung ermöglicht wird, gibt es keine Relativbewegung kontaktierender Flächen. Festkörpergelenke sind spiel-, reibungs-, wartungs- und geräuschfrei. Den Vorteilen stehen aber auch Nachteile gegenüber. Diese bestehen in der Begrenztheit von Ausschlägen, Materialermüdung (Lebensdauer) sowie komplizierter Kinematik und Kinetik. Außerdem ist das Auftreten von Schwingungen infolge gespeicherter elastischer Energie möglich. Der geplante Einsatz von Festkörpergelenken mit großen Deformationen ist Gegenstand aktueller Forschung. Als Beispiele sind Pantografen [68] in automatisierten Fertigungslinien oder formschlüssige Gelenke aus Formgedächtnislegierungen in parallelen Robotern [126] zu nennen. Weitere Details zum Stand der Technik folgen in Kapitel 3.

2.3.3 Gleitlager und -führungen

Neben der Verwendung von Wälzlagern und Festkörpergelenken besteht eine weitere Option in der Nutzung von Gleitlagern. Geschmierte Gleitlager sind ein häufig genutztes Maschinenelement zur Wellenlagerung in Motoren, Generatoren und anderen rotierenden Maschinen. Zu den Problemen beim Einsatz geschmierter Gleitlager in kleinen Abmessungen gehören die Schmiermittelzufuhr und das Abdichten. Dichtungen sind in diesen kleinen Abmessungen schwierig zu fertigen. Deshalb werden Trockengleitlager als zweite Variante untersucht. Sie sind in vielen Konsumgütern (Drucker, Elektromotoren) zu finden. Trockengleitlager sind einfach und kostengünstig zu bauen. Als Ersatz für die Schmierung wird in dieser Arbeit eine Variante untersucht, bei welcher hochfrequente Schwingungen zu einer Reibwertglättung führen und so die Schmierung ersetzen. Ähnlich wie üssige oder feste Schmiermittel reduzieren sie die Reibung. Ein zusätzlicher Vorteil dieses Schmiereffektes • ist die gute Steuerbarkeit, die über die Anregungsparameter (Amplitude, Frequenz) der hochfrequenten Schwingungen möglich ist [146]. Entsprechende Umsetzungen für Linearführungen sind Gegenstand aktueller Forschung [62]. Die Untersuchung derartiger Drehgelenke in Gestalt von Trockengleitlagern mit Reibwertglättung wird in Kapitel 4 dargestellt.

2.4 Entwicklung einer Verfahreinheit auf Basis eines reibungsarmen Mechanismus

Die Entwicklung der neuartigen Drehgelenke orientiert sich am Einsatz in der im Folgenden vorgestellten Verfahreinheit. Die meisten Rechnungen und Betrachtungen zur Auslegung beziehen sich darauf. Die neue Verfahreinheit soll Bewegungen in der Ebene erzeugen und die Funktionalität konventioneller Werkzeugmaschinen mit den Elementen der Mikropositioniertechnik vereinen [46]. Dabei soll eine hohe Präzision bei kleinen Stellwegen und kleinen Bauraumabmessungen erreicht werden. Zur Entwicklung einer solchen Verfahreinheit benötigt man erstens kompakte, präzise Vorschubantriebe, deren Bewegung durch spielfreie Gelenke auf den Endeffektor umgesetzt wird und zweitens ein wirkstellennahes Messsystem zur präzisen Positionsbestimmung. Voraussetzungen zum Erfüllen dieser Anforderungen sind ein durch hochdynamische, kompakte, präzise Vorschubachsen angetriebener parallelkinematischer Mechanismus mit spiel- und reibungsfreien (bzw. spiel- und reibungsarmen) Gelenken und präzise Wegsensoren. Das Zusammenspiel dieser Komponenten ist in Abb. 2.4 skizziert.

Parallelkinematischer Mechanismus

Das Ziel des Mechanismus ist die Vereinbarkeit von spiel- und reibungsfreien, in der Nanopositioniertechnik bewährten Lagerkonzepten mit den Arbeitsraumforderungen einer

2 Neue Anforderungen an Mechanismen der Mikrofertigung

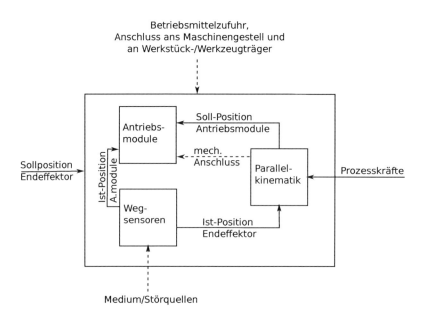

Abbildung 2.4: Gesamtkonzept der Verfahreinheit bestehend aus einem parallelkinematischen Mechanismus, zwei linearen Vorschubachsen und Wegsensoren

Mikrowerkzeugmaschine. Eine Parallelkinematik bietet sich an, weil sie geringe Massen bewegt, eine hohe Steifigkeit besitzt und die gleichzeitige Erfassung aller geregelten Freiheitsgrade erlaubt [119]. Als konkrete Variante des parallelkinematischen Mechanismus kristallisierte sich der Biglide-Mechanismus [143] heraus. Die Linearbewegungen der Vorschubachsen werden entsprechend Abb. 2.5(b) in eine ebene Bewegung umgesetzt.

Ausschlaggebend für den Erfolg der Bewegungserzeugung sind dabei die verwendeten Drehgelenke. An dieser Stellen kommen die neuartigen Drehgelenke zum Einsatz.

Festkörpergelenke bieten sich aufgrund ihrer inhärenten Spiel- und Reibungsfreiheit an. Abb. 2.5(c) zeigt schematisch einen Mechanismus, bei dem die Drehgelenke durch Festkörpergelenke ersetzt wurden. Die Herausforderung besteht im Erreichen großer Verschiebungen trotz des begrenzten Bauraumes. Aus der Literatur ist bekannt, dass sich technisch nutzbare Drehwinkel im Bereich von ±6 ... 30 bewegen [126]. Aufgrund dieser Restriktion bei Festkörpergelenken wird ergänzend eine zweite Variante in Form spielarmer Trockengleitlager untersucht. Bei diesen Lagern tritt zwar geringes Spiel auf, sie ermöglichen aber einen unbegrenzten Drehwinkel. Das Spiel zwischen Lagerbuchse und -bolzen kann prinzipiell beliebig verringert werden. Doch kommt es mit steigender Pressung ohne Gegenmaßnahmen zu störenden, reibungsinduzierten Schwingungen (stick-slip). Dieser unerwünschte Effekt soll durch Reibwertglättung [146] unterdrückt werden. Beide Gelenkvarianten werden in Kapitel 3 bzw. 4 ausführlich betrachtet. In den nächsten Abschnitten werden die Vorschubachsen (Schlitten) und die Wegsensoren kurz vorgestellt.

2.4 Entwicklung einer Verfahreinheit auf Basis eines reibungsarmen Mechanismus

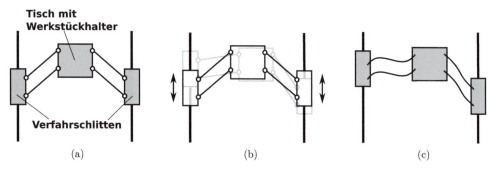

Abbildung 2.5: Beim Biglide-Mechanismus bewegt sich der Endeffektor parallel zur Schlittenrichtung, wenn beide Schlitten in die gleiche Richtung fahren und senkrecht zur Schlittenrichtung, wenn die Schlitten in entgegengesetzte Richtung fahren: Elemente der Verfahreinheit (a), Parallelkinematisches Konzept (b), Festkörpergelenke anstelle von Drehgelenken (c)

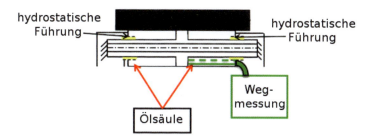

Abbildung 2.6: Prinzipskizze des Hydraulikaktors mit integrierter Wegmessung

Lineare Vorschubachsen

Zur Positionierung der Parallelkinematik sind zwei hydraulische Vorschubachsen [45] vorgesehen. Hintergrund dieser Wahl ist die Nutzung der extrem großen Kraft- bzw. Leistungsdichte hydraulischer Antriebe für einen hochdynamischen Vorschubantrieb kompakter Bauart. Diese Vorschubachsen nutzen das zugeführte Fluid multifunktional. Es wird für Antrieb und Führung des Aktors sowie zur Temperierung des Gesamtsystems verwendet. Die in Abb. 2.6 skizzierte Achse besteht aus einer feststehenden Kolbenstange und einem sich bewegenden Kolbengehäuse (Zweikantensteuerung [107]). Sämtliche Dichtungen sind reibungsfrei als Spaltdichtungen ausgeführt, um reibungsbedingte Effekte zu verhindern.

Wegsensoren

Die Positionsmessung ist für den geregelten Betrieb der Verfahreinheit zwingend notwendig. Dafür stehen verschiedene Sensoren zur Verfügung. Im vorliegenden Fall wurden neu entwickelte kompakte Millimeterwellen-Radarsensoren [114] gewählt. Zur Erfassung der Antriebspositionen lassen sich diese Sensoren, wie in Abb. 2.6 dargestellt, in die Hydraulikaktoren integrieren. Dabei wird die Ölsäule als Medium genutzt. Um die Positioniergenauigkeit weiter zu steigern, wird zusätzlich zu den Antriebspositionen noch die Position des Endeffektors direkt gemessen.

3 Festkörpergelenke als spiel- und reibungsfreie Drehgelenke

Festkörpergelenke erzeugen die Gelenkbewegung aus definierter elastischer Verformung. In ihnen gibt es weder rollende noch gleitende Teile. Aufgrund der geometrischen Gestaltung laufen die Verformungen bevorzugt in der gewünschten Bewegungsrichtung ab. Abb. 3.1 zeigt ein typisches Beispiel aus dem Bereich der Konsumgüter. Aus diesem Aufbau ergibt sich eine Reihe von vorteilhaften Eigenschaften:

- reibungsfrei
- spielfrei
- verschleißfrei
- wartungsfrei
- schmiermittelfrei
- geräuschfrei
- kein Klemmen möglich
- keine Montage
- beliebig skalierbar

denen allerdings auch einige Nachteile gegenüberstehen:

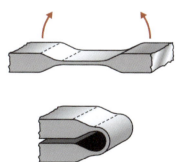

Abbildung 3.1: Ein Festkörpergelenk wie es beispielsweise bei Verschlüssen von Einwegverpackungen, z.B. Shampoo, verwendet wird [5]

3 *Festkörpergelenke als spiel- und reibungsfreie Drehgelenke*

begrenzter Stellweg, weil elastischen Dehnungen begrenzt sind

Rückstellkräfte, welche die Dynamik beein ussen und Schwingungen verursachen können

komplexe Kinematik und Kinetik, wodurch die Auslegung, Analyse und Regelung erschwert werden

Aufgrund ihrer Vorteile werden Festkörpergelenke schon seit langem erfolgreich in der Nano- und Mikropositioniertechnik eingesetzt, wie beispielsweise in Mikroskopiertischen, Werkzeugen der Halbleiterindustrie oder mikroelektromechanischen Systemen (MEMS). Die Ausweitung ihrer Vorteile auf Anwendungen mit größeren Arbeitsbereichen ist naheliegend und Gegenstand aktueller Forschung [68, 126]. Im Zusammenhang mit der Mikrofertigung stellt sich nicht nur die Frage, wie weit sich die Stellwege von Festkörpergelenken vergrößern lassen, sondern auch welche Steifigkeiten das Gelenk besitzt. Entsprechend den Bewegungsrichtungen und den blockierten Richtungen wird zwischen aktiven und passiven Kräften unterschieden. Aktive Kräfte erzeugen die Sollbewegung. Bei einem Drehgelenk ist das Drehmoment die aktive Größe. Die passiven Kräfte wirken in einer blockierten Richtung. Beim Drehgelenk wirken sie in radialer Richtung oder normal zur Ebene der Drehbewegung. Die Steifigkeit sollte in Richtung der Sollbewegung möglichst gering und in den blockierten Richtungen möglichst hoch sein. Aus der Vielzahl von Gelenken wird hier der Fokus auf den technisch besonders bedeutsamen Fall der Drehgelenke gerichtet. Die Sollbewegung findet auf einer Kreisbahn in der Ebene statt (planar, einachsig). Es existieren verschiedene Bauweisen von Festkörpergelenken, die eine Drehbewegung erzeugen [63, 148]. Sie basieren auf Biegung oder Torsion. Im Weiteren wird der Fokus verengt auf biegebasierte Drehgelenke.

Zunächst wird der Stand der Forschung wiedergegeben, bevor verschiedene Varianten von Festkörpergelenken auf ihre Eignung als Drehgelenke hin untersucht werden. Bei dieser Untersuchung stehen folgende Kenngrößen der Lager im Vordergrund:

Kinematik des Lagers und Abweichungen von der Kreisbahn

Arbeitsbereich, beim Drehgelenk maximaler Drehwinkel, bei welchem die maximal zulässigen mechanischen Spannungen erreicht werden

Steifigkeit der Sollbewegung, beim Drehgelenk die Drehsteifigkeit, d.h. in tangentialer Richtung

Störsteifigkeit, d.h. Steifigkeit in radialer und normaler Richtung, d.h. gegenüber störenden, nicht zur Bewegungserzeugung gewollten Kräften

3.1 Stand der Technik

Festkörpergelenke lassen sich nach Freiheitsgraden, Bewegungsrichtung und Verteilung der Steifigkeiten einteilen [63]. Typische Freiheitsgrade sind Biegung (ein- und mehrachsig) und

Torsion. Neben den hier betrachten einachsigen Drehgelenken gibt es zweiachsige Drehgelenke, Linearführungen und Verkettungen mehrerer Gelenke, um bestimmte Bahnen oder Übersetzungsverhältnisse zu erreichen. Aus Festkörpergelenken aufgebaute Mechanismen werden als nachgiebige Mechanismen bezeichnet. In Kombination mit konventionellen Gelenken spricht man von hybriden Mechanismen. Solche Mechanismen sind als Produkte für die Mikropositioniertechnik von Firmen, beispielsweise PI [120], erhältlich. Diese Mechanismen bieten Arbeitsräume im Mikrometerbereich. Ihr Einsatz im Bereich der Robotik ist Gegenstand aktueller Forschung, wie Arbeiten der Universität Braunschweig [126] und der Universität Romandes [64] zeigen.

Eine andere Unterteilung wird nach verteilter und konzentrierter Nachgiebigkeit vorgenommen. Konzentrierte Nachgiebigkeiten sind nichts anderes als Kerben und werden je nach Form der Kerbe weiter unterschieden. Die Vor- und Nachteile beider Varianten werden in den nächsten Abschnitten näher untersucht.

Für die Auslegung im Bereich kleiner Deformationen existieren bereits Lehrbücher, wie von Howell [70] und Lobontiu [96]. Sie verwenden klassische Balkentheorien zur Modellierung. Andere Autoren lösen das geometrisch linearisierte Problem von Kerbformen mittels konformer Abbildungen [151]. Die geplante Anwendung als Drehgelenk geht über die Theorie kleiner Deformationen hinaus und erfordert eine geometrisch nichtlineare Theorie. Die kontinuumsmechanischen Grundlagen finden sich in fast allen klassischen Büchern zur Elastizitätstheorie. Allerdings existieren nur für wenige Fälle analytische Lösungen [13]. Besonders relevant für die Betrachtung von verteilten Nachgiebigkeiten ist die Reduktion auf Strukturmodelle (Stäbe, Balken, Platten) wie sie sich bei Novozhilov [112] findet. Alternativ werden nichtlineare Finite Elemente Methoden (FEM) [168] eingesetzt. Die Berechnung von konzentrierten Nachgiebigkeiten ist durch deren Geometrie bei großen Verschiebungen nur noch mittels FEM möglich.

Als Leistungsindex zur Werkstoffauswahl bietet sich das Verhältnis $_f/E$ von Fließgrenze und Elastizitätsmodul an. Ein hoher Wert steht für einen großen Verformungsbereich. Weiterhin ist eine hohe Dauerfestigkeit notwendig. Ähnliche Anforderungen werden an Federwerkstoffe gestellt. Daraus folgt, dass Federstahl ein geeigneter Werkstoff für Festkörpergelenke ist. Besonders geeignet sind Formgedächtnislegierungen aufgrund ihrer hohen zulässigen dauerfesten Dehnung. Aktuelle Arbeiten [72, 126] nutzen das pseudoelastische Verhalten von Formgedächtnislegierungen aus. Ein typischer Vertreter ist Nickel-Titanium [104]. Noch nicht weit verbreitet, aber vielversprechend ist einkristallines CuAlNiFe. Es toleriert nicht nur hohe Dehnungen im dynamischen Betrieb ($_{el,df} = 0.05$ [11]), sondern lässt sich auch gut spanend bearbeiten. Auf dem Gebiet der MEMS kommt auch Silizium als Werkstoff zum Einsatz [49]. Dieses bei Raumtemperatur spröde Material, lässt sich bei hohen Temperaturen einfach plastisch verformen und ermöglicht im Zusammenhang mit den bestehenden Technologien der Siliziumverarbeitung (Ätzen) die Fertigung winziger Festkörpergelenke, Federführungen, Gleitführungen und ähnlicher Bauelemente. Im Fall von Federstahl und moderat gedehnten Gummiwerkstoffen tritt keine physikalische Nichtlinearität auf. Das Spannungs-Dehnungsverhalten ist nahezu linear. Deutlich komplizierter wird es bei Formgedächtnislegierungen. Die Materialgleichungen sind nichtlinear und abhängig von der Belastungsgeschichte (funktionelle Ermüdung). Sie schließen dadurch analytische

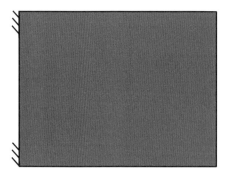
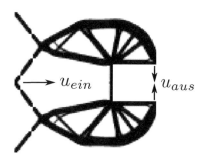

Abbildung 3.2: Beispiel zur Topologieoptimierung [37]: aus der Gebietsdefinition (a) folgt durch die Optimierung die bereichsweise Materialverteilung des nachgiebigen Mechanismus zur Erzeugung der geforderten Bewegung (b), Anmerkung: die Pixeldarstellung ist kein Problem der Grafikauösung, sondern das tatsächliche Ergebnis

Lösungen aus. Die präzise Beschreibung und Implementierung des Materialverhaltens der Formgedächtnislegierungen ist Gegenstand aktueller Forschung [53].
Die Kombination mehrerer Werkstoffe in Form textilverstärkter Festkörpergelenke wird aktuell von Modler [106] erforscht. Weitere relevante Werkstoffe in Zusammenhang mit einem Compositeaufbau, sind Elastomere, thermoplastische Kunststoffe und Faserverbundwerkstoffe.
Ein anderer Trend ist die automatisierte, nichtintuitive Auslegung von nachgiebigen Mechanismen mittels Topologieoptimierung [115]. Aktuelle Programmcodes optimieren einen Mechanismus bei Vorgabe einer eindimensionalen Eingangsbewegung und einer eindimensionalen Ausgangsbewegung, wie beispielsweise bei dem in Abb. 3.2 gezeigtem Greifer [37]. In diesem Fall ist die Eingangsbewegung u_{ein} vorgegeben und das Optimierungsproblem besteht darin, das Material so zu verteilen, dass die resultierende Ausgangsbewegung u_{aus} möglichst gut mit der vorgegebenen übereinstimmt.

3.2 Festkörpergelenke mit verteilter Nachgiebigkeit

Durch die Verteilung der Nachgiebigkeit ergibt sich eine gleichmäßige Verteilung der Dehnung über die Gelenklänge. Das erlaubt eine große Verformung unter Beschränkung auf den linear elastischen Bereich, was sich unter anderem in der langen Lebensdauer von Blattfedern im Automobilbereich zeigt. Festkörpergelenke mit verteilter Nachgiebigkeit werden oft in reinen Positionieranwendungen eingesetzt, in denen keine Prozesskräfte wirken. Die fertigungstechnisch günstige Bauweise mit konstantem Querschnitt lässt sich noch analytisch behandeln. Durch die geringe Dicke, wie sie bei Blattfedern möglich ist, entsprechen sie schlanken Balken. Die Beschreibung großer Biegungen schlanker Balken führt zur Theorie

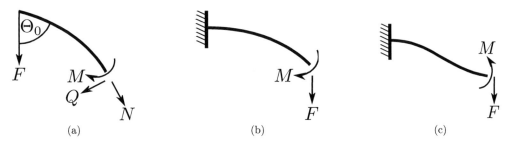

Abbildung 3.3: Gelöste Lastfälle: Belastung an einem Ende nur durch eine Kraft und kein Moment [101] (a), Kragträger mit Moment und Einzelkraft gleich [47] (b) und entgegengesetzt gerichtet [86] (c)

der Elastica [101]. Sie bildet die Grundlage der Analyse des nachgiebigen Mechanismus, der eine mögliche Variante für die Verfahreinheit darstellt. Im Vergleich zur FEM bietet diese Methode einen Rechenzeitgewinn und gewährt mehr Einblick in die Struktur der Lösung. Nach einem kurzen Abriss über die geschichtliche Entwicklung und einer Zusammenfassung gefundener geschlossener Lösungen wird zunächst eine einzelne Blattfeder analysiert und danach ein aus mehreren Blattfedern gebildeter Mechanismus.

3.2.1 Historie der Elastica

Die Gleichung ebener Elastica wurde von Euler und Bernoulli [12, 42] aufgestellt und ihre Lösungen graphisch skizziert. Analytische Lösungen spezieller Lastfälle, gemäß Abb. 3.3, auf Basis elliptischer Integrale und elliptischer Funktionen [113] wurden später berechnet. Die zugehörige Theorie entwickelte sich während des 19. Jahrhunderts. Weil die Literatur aus dieser Zeit nur begrenzt zugänglich ist, sind die genannten Quellen möglicherweise nicht die originalen.

Die Differentialgleichung wurde unter der Annahme der Euler-Bernoulli-Hypothese hergeleitet. Sie besagt, dass alle Querschnitte eben bleiben und normal zur Längsachse ausgerichtet sind und das Biegemoment proportional zur Krümmung ist. Im Gegensatz zur technischen Biegelehre wird die Krümmung , darin steht () für die Ableitung nach der Bogenlänge $\frac{\mathrm{d}}{\mathrm{d}s}$, nicht durch die zweite Ableitung der Durchbiegung w angenähert, sondern es wird der vollständige Krümmungsausdruck

$$ = \frac{w}{(1 + w^{\,2})^{3/2}} = \frac{x\,y \quad x\,y}{(x^{\,2} + y^{\,2})^{3/2}} \tag{3.1}$$

verwendet. Häufig wird noch die vereinfachende Annahme der Undehnbarkeit ($x^{\,2} + y^{\,2} =$ const.) getroffen. Für den Zusammenhang zwischen den Schnittreaktionen Querkraft und Biegemoment gilt

$$Q = \quad M = EI \quad . \tag{3.2}$$

Die Querkraft lässt sich für den Fall aus Abb. 3.3(a) direkt ablesen

$$Q = \quad F \sin(\quad) \tag{3.3}$$

3 Festkörpergelenke als spiel- und reibungsfreie Drehgelenke

Aus der Gleichheit der Querkraft Q, entsprechend der zwei vorangegangenen Gleichungen, folgt nach Multiplikation mit und anschließender Integration die nichtlineare Differentialgleichung der ebenen Elastica

$$\frac{EI}{2}\left(\frac{d}{ds}\right)^2 = F(\cos - \cos_0). \tag{3.4}$$

Für ihre Lösung spielen Wendepunkte $= 0$ eine entscheidende Rolle. Die Lösungen werden danach unterschieden, ob solche Punkte auftreten oder nicht.

Die Betrachtung der Randbedingungen (Position und Tangente) legt es nahe, Splines als Approximation der Biegelinie zu verwenden. Diese Näherung besteht aus einfachen Polynomen, die sich leicht umformen und auswerten lassen. Sie ist vor allem für schnelle kinematische Abschätzungen hilfreich. So lässt sich beispielsweise die Trajektorie eines Punktes schätzen. Auch eine grobe Dimensionierung ist möglich, denn aus der geschätzten Krümmung (z.B. für einen gegebenen Drehwinkel, d.h. Winkel zwischen Anfang und Ende) und bekannter Maximaldehnung des Materials, kann die maximal zulässige Dicke bestimmt werden. Die Darstellung wird der Allgemeinheit wegen auf das Einheitsintervall

$$s = 0 \ldots L \qquad t = 0 \ldots 1 \tag{3.5}$$

transformiert. Mit der daraus folgenden parametrischen Spline-Formulierung

$$x(t) = a_x + b_x t + c_x t^2 + d_x t^3, \tag{3.6a}$$
$$y(t) = a_y + b_y t + c_y t^2 + d_y t^3 \tag{3.6b}$$

lassen sich Biegelinien schätzen. Ein solcher Spline (acht Koeffizienten) ist durch acht Bedingungen festgelegt. Ein historischer Anwendungsfall aus dem Schiffbau gab Splines ihren Namen. Der Entwurf von Schiffsrümpfen erfolgte mit Hilfe dünner Lineale (»Straklatten«, engl.: »spline«), die durch Gewichte (»Molche«) fixiert wurden. Jeder Bereich zwischen zwei Molchen wird dabei durch ein Polynom interpoliert. Dabei gelten an den Rändern und Übergängen (Molche) die Bedingungen

$$x_0(t_0) = x_0, \qquad y_0(t_0) = y_0, \tag{3.7a}$$
$$x_N(t_N) = y_N, \qquad y_N(t_N) = y_N. \tag{3.7b}$$

Am Anfang und am Ende ist die Straklatte gelenkig gelagert (momentenfrei) mit $x = y = 0$ (natürlicher Spline), und an den Übergängen kommen die Bedingungen

$$x_{n-1}(t_n) = x_n(t_n), \qquad y_{n-1}(t_n) = y_n(t_n), \tag{3.8a}$$
$$x_{n-1}(t_n) = x_n(t_n), \qquad y_{n-1}(t_n) = y_n(t_n) \tag{3.8b}$$

hinzu. Die Festkörpergelenke sind beidseitig fest eingespannt. Die Annahme natürlicher Splines wäre unzulässig. Statt der momentenfreien Enden sind nun Ort und Tangente vorgeschrieben

$$x(0) = x_0, \qquad y(0) = y_0, \qquad y(0)/x(0) = \tan_0, \tag{3.9a}$$
$$x(1) = x_1, \qquad y(1) = y_1, \qquad y(1)/x(1) = \tan_1. \tag{3.9b}$$

3.2 Festkörpergelenke mit verteilter Nachgiebigkeit

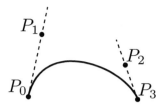

Abbildung 3.4: Bezier-Darstellung der Interpolationsaufgabe, die nach Auswertung der Randbedingungen noch fehlenden Informationen sind die Längen der Abschnitte $\overline{P_0 P_1}$ und $\overline{P_2 P_3}$

Allerdings liegen damit nur sechs Gleichungen für acht unbekannte Koeffizienten vor. Die verbleibenden zwei Unbekannten kann man als Faktoren k_0, k_1 der Anstiege an den Rändern in der Form

$$\frac{k_0 y'(0)}{k_0 x'(0)} = \tan \alpha_0, \quad \frac{k_1 y'(1)}{k_1 x'(1)} = \tan \alpha_1 \quad (3.10)$$

zusammenfassen und alle Koeffizienten $a_x(k_0, k_1) \ldots d_y(k_0, k_1)$ als Funktionen von ihnen darstellen. In Bezier-Darstellung nach Abb. 3.4 entspricht diese Situation dem Fall, dass Anfangs- und Endpunkte (P_0, P_3) und die Strahlen, auf denen sich die mittleren Bezierpunkte (P_1, P_2) befinden, vorgegebenen sind. Die Strecken $\overline{P_0 P_1}$ und $\overline{P_2 P_3}$ sind noch unbekannt. Um sie zu bestimmen wird ein Optimierungskriterium herangezogen. Physikalisch motiviert ist die Minimierung des Ausdrucks

$$E_{pot} = \int_0^1 (x'' y' - y'' x')\, dt = \int_0^1 A_E + B_E t + C_E t^2 + D_E t^3 + E_E t^4 \, dt \quad (3.11)$$

mit den Koeffizienten

$$A_E = A_E(k_0, k_1),\ B_E = B_E(k_0, k_1)\ldots,\ E_E = E_E(k_0, k_1), \quad (3.12)$$

denn er entspricht unter Annahme der Undehnbarkeit der im Elasticum gespeicherten elastischen Energie. Er lässt sich einfach integrieren. Die direkte Optimierung ist aber nicht zielführend, weil sie ohne Nebenbedingung den trivialen Fall einer geraden Linie $k_0 = k_1 = 0$ liefert. Die fehlende Bedingung ist die konstante Länge

$$L = \int_0^1 \sqrt{x'^2 + y'^2}\, dt = \int_0^1 \sqrt{A_L + B_L t + C_L t^2 + D_L t^3 + E_L t^4}\, dt \quad (3.13)$$

des Elasticums. Das Einsetzen der Spline Approximation führt auf ein kompliziertes elliptisches Integral, welches sich nicht weiter auswerten lässt. Deswegen wird an dieser Stelle ein Näherungsausdruck (Taylor-Reihe) für den Integranden hergeleitet

$$\sqrt{x'^2 + y'^2} = \sqrt{(x'_0 + \Delta x')^2 + (y'_0 + \Delta y')^2} \quad (3.14a)$$

$$\approx \sqrt{(x'_0)^2 + (y'_0)^2} + \frac{x'_0}{\sqrt{(x'_0)^2 + (y'_0)^2}} \Delta x' + \frac{y'_0}{\sqrt{(x'_0)^2 + (y'_0)^2}} \Delta y' \quad (3.14b)$$

3 Festkörpergelenke als spiel- und reibungsfreie Drehgelenke

Abbildung 3.5: Numerische Lösung (durchgezogen) der exakten DGL, nachträgliche Spline-Approximation (gestrichelt) der numerischen Lösung und vorgeschlagene Spline Approximation (gepunktet)

mit

$$x_0 = c_x, \quad \Delta x = 3a_x(t-t_0)^2 + 2b_x(t-t_0), \tag{3.15a}$$
$$y_0 = c_y, \quad \Delta y = 3a_y(t-t_0)^2 + 2b_y(t-t_0). \tag{3.15b}$$

Die Koeffizienten $a_x(k_0,k_1),\ldots,c_y(k_0,k_1)$ lassen sich wieder durch k_0 und k_1 ausdrücken. Der Entwicklungspunkt wird in die Mitte bei $t_0 = \frac{1}{2}$ gesetzt. Aus der so approximierten Länge

$$L = \int_0^1 \sqrt{A_A + B_A t + C_A t^2}\, dt \tag{3.16}$$

folgt ein funktionaler Zusammenhang $k_1(k_0)$, so dass das Minimum der potentiellen Energie aus Gl. (3.11) zu

$$\frac{dE_{pot}}{dk_0} = \frac{d}{dk_0}\left(A_E + \frac{B_E}{2} + \frac{C_E}{3} + \frac{D_E}{4} + \frac{E_E}{5}\right) = 0 \tag{3.17}$$

bestimmt werden kann. Für den Fall, dass die Länge L des Elasticums, den direkten Abstand D_M nicht deutlich übersteigt, konkret wenn sie auf $D_M < L < \frac{3}{2}D_M$ begrenzt ist, liefert die Approximation brauchbare Ergebnisse (Abb. 3.5). Diese Annahme schließt aus, dass schleifenförmige Biegelinien auftreten. Es ist anzumerken, dass durch die auftretenden Nullstellen bei Polynomen höherer Ordnung mehrere Lösungen entstehen. Dieser Fall ist für nichtlineare Differentialgleichungen nicht ungewöhnlich.

Für den Sonderfall, dass beide Einspannwinkel gleich groß sind, vereinfacht sich die Bestimmung. Statt der Energieminimierung kann die Symmetrieannahme ausgenutzt werden, dass sich in der Mitte ein Wendepunkt

$$x(0.5) = y(0.5) = 0 \tag{3.18}$$

befindet. Damit ist das Ziel einer einfach auszuwertenden Approximation erreicht. Diese Approximation lässt sich mit der numerischen Lösung des Randwertproblems und anschließender Polynomapproximation (engl.: curve fitting), die auf dem gleichen Spline Ansatz beruht, vergleichen.

3.2.2 Ebene Betrachtung einzelner Blattfedern

Bei der Betrachtung einer einzelnen Blattfeder wird zuerst die statische Lösung hergeleitet. Diese Lösung dient zum Bestimmen der Steifigkeit und ist die Voraussetzung für die anschließende Analyse des Schwingungsverhaltens.

3.2 Festkörpergelenke mit verteilter Nachgiebigkeit

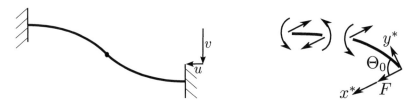

Abbildung 3.6: Modellierung einer Blattfeder im Biglide-Mechanismus, Freischnitt zwischen Wendepunkt (Koordinatenursprung) und einem Punkt der linken Hälfte

Statische Analyse

Abb. 3.6 zeigt den zu berechnenden Fall, bei dem eines der beiden Enden (Einspannungen) der ursprünglich geraden Blattfeder verschoben wird. Durch die Symmetrie in den Randbedingungen ergibt sich eine Biegelinie, die punktsymmetrisch zum Mittelpunkt der Gerade zwischen den Einspannpunkten ist. Demzufolge befindet sich an dieser Stelle ein Wendepunkt. Ausgehend von diesem Wendepunkt liegt der Fall vor, der bereits von Love [101] gelöst wurde. Die Lösung der Biegedifferentialgleichung

$$\frac{d\Theta}{ds}^2 = \frac{2F}{EI}(\cos\Theta - \cos\Theta_0) \qquad (3.19)$$

erfolgt über die Substitutionen

$$s^* = s\sqrt{F/EI}, \quad k^2 = \sin^2\frac{\Theta_0}{2}, \quad \sin\frac{\Theta}{2} = k\sin\gamma \qquad (3.20)$$

und führt im Koordinatensystem x^*, y^*, das entsprechend Abb. 3.7 durch die Kraftrichtung definiert ist, auf die Lösungen

$$x^* = \sqrt{\frac{EI}{F}}\left(s^* + 2 E_2\,\mathrm{am}[s^* + K_1(k)], k - E_2\,\mathrm{am}[K_1(k)], k\right) \qquad (3.21a)$$

$$y^* = 2k\sqrt{\frac{EI}{F}}\cos\mathrm{am}\left(s^* + K_1(k)\right). \qquad (3.21b)$$

Darin stehen $K_1(k)$ und $E_2(k)$ für die vollständigen elliptischen Integrale erster und zweiter Art. Die Funktion am(u) ist Jacobis Amplitudenfunktion. Weil die Theorie der elliptischen Funktionen und Integrale im Zeitalter der numerischen Integration nicht mehr so geläufig ist, befindet sich die ausführliche Herleitung dieser Elastica-Lösung im Anhang A.
Die Spannungen ergeben sich aus der Kinematik der Balkenbiegung

$$\sigma = E\varepsilon \quad \mathrm{mit} \quad \varepsilon = \frac{d\Theta}{ds}z \qquad (3.22)$$

und ihr Maximum tritt an der Einspannstelle auf, weil Krümmung und Biegemoment proportional sind und das maximale Biegemoment an der Einspannstelle auftritt, wie die

21

3 Festkörpergelenke als spiel- und reibungsfreie Drehgelenke

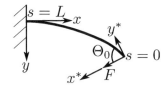

Abbildung 3.7: Ausrichtung des Koordinatensystems nach der Kraft

	F_a	F_p	u	w
tangential belastet	6N	0N	$5.57 \cdot 10^{-3}$ m	$2.99 \cdot 10^{-2}$ m
allgemein	6N	30N	$2.20 \cdot 10^{-3}$ m	$1.84 \cdot 10^{-2}$ m

Tabelle 3.1: Maximal zulässige Verschiebungen (Fließgrenze erreicht) des Endpunktes einer Blattfeder (Abmessungen $100 \times 10 \times 1$ mm^3) entsprechend der Theorie der Elastica (Material siehe Tab. 3.3) unter Wirkung der aktiven Kraft F_a (bewegungserzeugend) und der passiven Kraft F_p (störend)

Betrachtung des Hebelarms von der momentenfreien Kraftangriffsstelle (Mittelpunkt) aus zeigt. Damit ist die maximal zulässige Verformung definiert, wenn die Normalspannung auf der Ober- und Unterseite der Einspannstelle die Fließgrenze erreicht. Die maximalen Verschiebungen im raumfesten x, y-Koordinatensystem sind in Tab. 3.1 zusammengetragen. Diese Durchbiegungen gehen weit über den Gültigkeitsbereich der linearen Balkentheorie hinaus und rechtfertigen den Aufwand, die nichtlineare Differentialgleichung (3.4) zu lösen. Es ist anzumerken, dass die Ergebnisse im Allgemeinen nicht mehr eindeutig sind, sondern von der Belastungsgeschichte abhängen. Weiterhin fällt auf, dass die Trajektorie des Endpunktes von der Modellierung mit zwei idealen Drehgelenken abweicht.
Aus diesen Gleichungen lässt sich für eine gegebene Last (F_x, F_y) die Biegelinie angeben. Die Umkehrung, d.h. die Auösung von Gl. (3.21b) nach der Belastung, die zu einer bestimmten Verschiebung und Verdrehung des Endpunktes führt, ist nicht möglich. Als Vorgehensweise bietet sich dazu die Erstellung eines Kennfeldes ($0 \ldots F_{max}$) an. Alternativ lässt sich ein solches Randwertproblem numerisch mittels Schieß- [20] oder Kollokationsverfahren [139] lösen. Aufbauend auf dieser statischen Lösung lassen sich Modal- und Stabilitätsanalysen durchführen.

Dynamische Analyse

Das Problem dynamischer Elastica wurde in mehreren Arbeiten behandelt. Für große Ausschläge wurde von Woodall [161] mittels synthetischer Methoden die Bewegungsgleichung ebener Elastica hergeleitet. Sie ist in der dreidimensionalen Theorie der undehnbaren Elastica, die von Silva [31, 140] mittels Variationsmethoden aufgestellt wurde, eingeschlossen. Diese Theorie wurde durch die Arbeiten [29, 30, 41] um Dehnbarkeit und Schubverformung erweitert. Die Einbeziehung einer großen statischen Vorverformung wurde von Virgin [134, 153] durchgeführt. Weil genau dieser Fall kleiner Schwingungen um eine große statische Verformung für den Einsatz als Festkörpergelenke relevant ist, orientieren sich

3.2 Festkörpergelenke mit verteilter Nachgiebigkeit

die folgenden Ausführungen an Virgins Arbeiten. Wie in [153] hergeleitet, lauten die dimensionslosen Bewegungsgleichungen ebener Elastica

$$\frac{\partial x}{\partial s} = \cos\gamma, \tag{3.23a}$$

$$\frac{\partial y}{\partial s} = \sin\gamma, \tag{3.23b}$$

$$\frac{\partial \gamma}{\partial s} = m, \tag{3.23c}$$

$$\frac{\partial m}{\partial s} = q\cos\gamma - p\sin\gamma, \tag{3.23d}$$

$$\frac{\partial p}{\partial s} = \frac{\partial^2 x}{\partial t^2}, \tag{3.23e}$$

$$\frac{\partial q}{\partial s} = \frac{\partial^2 y}{\partial t^2}. \tag{3.23f}$$

Darin kennzeichnen x, y die Koordinaten der Mittellinie, γ den Winkel zur x-Achse, m das Schnittmoment, p und q die Anteile der Schnittkraft in x- und y-Richtung. Im Folgenden sollen die Eigenfrequenzen, -moden, der Frequenzgang und die Antwort auf eine transiente Anregung bestimmt werden. Dazu wird die Lösung in einen statischen Anteil $(\bar{x}(s), \ldots, \bar{q}(s))$ und einen dynamischen Anteil $(x(s,t), \ldots, q(s,t))$ unterteilt. Bei dieser Aufteilung und Linearisierung für kleine dynamische Anteile lauten die Gleichungen

$$\frac{\partial \bar{x}}{\partial s} + \frac{\partial x}{\partial s} = \cos(\bar{\gamma} + \gamma) \approx \cos\bar{\gamma} - \gamma\sin\bar{\gamma}, \tag{3.24a}$$

$$\frac{\partial \bar{y}}{\partial s} + \frac{\partial y}{\partial s} = \sin(\bar{\gamma} + \gamma) \approx \sin\bar{\gamma} + \gamma\cos\bar{\gamma}, \tag{3.24b}$$

$$\frac{\partial \bar{\gamma}}{\partial s} + \frac{\partial \gamma}{\partial s} = \bar{m} + m, \tag{3.24c}$$

$$\frac{\partial \bar{m}}{\partial s} + \frac{\partial m}{\partial s} = \begin{array}{l}(\bar{q}+q)\cos(\bar{\gamma}+\gamma) - (\bar{p}+p)\sin(\bar{\gamma}+\gamma) \\ \approx \bar{q}\cos\bar{\gamma} + q\cos\bar{\gamma} - \bar{q}\gamma\sin\bar{\gamma} - \bar{p}\sin\bar{\gamma} - p\sin\bar{\gamma} - \bar{p}\gamma\cos\bar{\gamma}\end{array}, \tag{3.24d}$$

$$\frac{\partial \bar{p}}{\partial s} + \frac{\partial p}{\partial s} = \frac{\partial^2 x}{\partial t^2}, \tag{3.24e}$$

$$\frac{\partial \bar{q}}{\partial s} + \frac{\partial q}{\partial s} = \frac{\partial^2 y}{\partial t^2}. \tag{3.24f}$$

In der linearisierten Darstellung teilt sich die Beschreibung in ein gewöhnliches Differentialgleichungssystem für die statische Lösung und ein partielles Differentialgleichungssystem für den dynamischen Anteil auf. Die statische Lösung lässt sich wie im vorherigen Abschnitt beschrieben in analytischer oder numerischer Form finden und wird im Folgenden als bekannt angenommen. Für den dynamischen Anteil werden drei Berechnungen durchgeführt: Modalanalyse (freie Schwingung), Frequenzgang (erregte Schwingung, eingeschwungen) und die Aufstellung eines Zustandsraummodells (transiente Anregung). Für die Modalanalyse wird wie in [134] der Ansatz

$$x(s,t) = x \sin \omega t, \; y(s,t) = y \sin \omega t, \ldots, q(s,t) = q \sin \omega t \qquad (3.25)$$

eingesetzt. Er führt auf das Randwertproblem

$$\frac{x}{s} = \gamma \sin \bar{\gamma}, \qquad (3.26a)$$

$$\frac{y}{s} = +\gamma \cos \bar{\gamma}, \qquad (3.26b)$$

$$\frac{\gamma}{s} = m, \qquad (3.26c)$$

$$\frac{m}{s} = (q - \bar{p}\gamma) \cos \bar{\gamma} - (\bar{q}\gamma + p) \sin \bar{\gamma}, \qquad (3.26d)$$

$$\frac{p}{s} = \omega^2 x, \qquad (3.26e)$$

$$\frac{q}{s} = \omega^2 x, \qquad (3.26f)$$

das aus sechs gewöhnlichen Differentialgleichungen besteht. Es gibt sechs geometrische Randbedingungen

$$x(0) = y(0) = \gamma(0) = x(l) = y(l) = \gamma(l) = 0 \qquad (3.27)$$

und drei dynamische Randbedingungen

$$m(0) = m_0, \qquad (3.28a)$$

$$p(0) = p_0, \qquad (3.28b)$$

$$q(0) = q_0 \qquad (3.28c)$$

unbekannter Größe. Dadurch ist das Randwertproblem vollständig beschrieben, denn es müssen nicht nur die sechs Gleichungen gelöst, sondern auch die drei unbekannten Parameter Eigenkreisfrequenz ω sowie die Verhältnisse zwischen p_0/m_0 und q_0/m_0 bestimmt werden. Die Amplitude wird bei dieser Parameterwahl durch $m_0 = 0$ festgelegt und kann bei der Modalanalyse beliebig gewählt werden.

Für die Betrachtung erregter Dauerschwingungen muss eine beispielsweise harmonische Anregung definiert werden. Bei verteilter Anregung taucht das verteilte Moment bzw. die verteilte Last auf der rechten Seite der dynamischen Gleichungen auf. Bei konzentrierter Anregung (diskrete Kräfte/Momente) bietet es sich an, das Randwertproblem in zwei Gebiete aufzuteilen und die Anregung in Form von Übergangsbedingungen zu beschreiben. Dadurch verdoppelt sich die Anzahl an Differentialgleichungen von sechs auf zwölf. Durch die Übergangsbedingungen kommen ebenfalls sechs Gleichungen dazu, so dass das Randwertproblem wieder vollständig bestimmt ist. Die Vorgehensweise ist der Modalanalyse sehr ähnlich. Der Unterschied besteht darin, dass die anregende Frequenz ω bekannt ist,

3.2 Festkörpergelenke mit verteilter Nachgiebigkeit

aber dafür die Amplituden p_0, q_0, m_0 als unbekannte Parameter auftreten. Wird die Anregung als Eingang und die Bewegung eines ausgewählten Punktes als Ausgang definiert, lassen sich Frequenzgänge berechnen.

Bisher wurde nur die eingeschwungene Antwort auf eine harmonische Anregung berechnet. Für Simulationen ist es wichtig, transiente Vorgänge berechnen zu können. Dazu soll jetzt eine Bewegungsgleichung abgeleitet werden, die nur noch Ableitungen nach der Zeit enthält. Im Gegensatz zu nichtlinearen FEM-Methoden steht dabei nicht die Genauigkeit, sondern die Rechenzeit im Vordergrund. Das Modell wird nur wenige Freiheitsgrade besitzen und sehr schnell zu lösen sein. Dafür müssen Abstriche bei der Genauigkeit gemacht werden. Ausgangspunkt ist der dynamische Anteil der um die statische Lösung $(\bar{x}, \bar{y}, \ldots, \bar{q})$ linearisierten Gleichungen

$$\frac{x}{s} = \gamma \sin \bar{\gamma}, \tag{3.29a}$$

$$\frac{y}{s} = +\gamma \cos \bar{\gamma}, \tag{3.29b}$$

$$\frac{\gamma}{s} = m, \tag{3.29c}$$

$$\frac{m}{s} = q \cos \bar{\gamma} - p \sin \bar{\gamma} - \gamma (\bar{q} \sin \bar{\gamma} + \bar{p} \cos \bar{\gamma}), \tag{3.29d}$$

$$\frac{p}{s} = \frac{\partial^2 x}{\partial t^2}, \tag{3.29e}$$

$$\frac{q}{s} = \frac{\partial^2 y}{\partial t^2}, \tag{3.29f}$$

bei dem es sich um ein lineares System gewöhnlicher Differentialgleichungen mit variablen Koeffizienten handelt. Zur Approximation wird eine modale Näherung

$$x \approx \sum_{n=1}^{N} a_n(t) x_n(s), \quad y \approx \sum_{n=1}^{N} a_n(t) y_n(s), \quad \ldots \quad q \approx \sum_{n=1}^{N} a_n(t) q_n(s) \tag{3.30}$$

gewählt. Darin beschreiben die Funktionen $x_i(s), \ldots, q_i(s)$ die zuvor bei der Modalanalyse gefundenen Eigenschwingformen. Dieser Ansatz hat den Vorteil, dass nicht nur die Randbedingungen, sondern alle Gleichungen ohne zeitliche Ableitungen (3.29a)-(3.29d) automatisch erfüllt sind. Die Multiplikation mit einem örtlich konstanten Faktor (zeitabhängige Amplitude) ändert nichts an der Gültigkeit dieser Lösungen [65]. Weil die Ergebnisse der Modalanalyse in numerischer Form (punktweise) vorliegen, werden sie in eine Fourierreihe entwickelt, um Funktionen $x(s), y(s), \ldots, q(s)$ zu erhalten. Ein skalares Residuum ergibt sich, indem die Gleichungen (3.29e) und (3.29f) mit Wichtungsfunktionen multipliziert, addiert und anschließend über die Länge integriert werden

$$\int_0^L \left[\left(-\frac{p}{s} + \frac{\partial^2 a}{\partial t^2} x \right) w_1 + \left(-\frac{q}{s} + \frac{\partial^2 a}{\partial t^2} y \right) w_2 \right] ds. \tag{3.31}$$

3 Festkörpergelenke als spiel- und reibungsfreie Drehgelenke

Zur anschaulichen Deutung dieser Gleichungen lassen sich einerseits der Fall $w_1 = 1$ und $w_2 = 0$ und andererseits der Fall $w_1 = 0$ und $w_2 = 1$ heranziehen. Dann beschreibt Gl. (3.31) jeweils das dynamische Kräftegleichgewicht in x- bzw. y-Richtung

$$p(t,L) - p(t,0) + \int_0^L \frac{\partial^2 x}{\partial t^2}\,\mathrm{d}s = 0, \tag{3.32a}$$

$$q(t,L) - q(t,0) + \int_0^L \frac{\partial^2 y}{\partial t^2}\,\mathrm{d}s = 0. \tag{3.32b}$$

Im Sinne Galerkins ist es besser, die Ansatzfunktionen als Wichtungsfunktionen zu verwenden. Dabei kommen für $w_1(s)$ die Funktionen x oder p und für die $w_2(s)$ die Funktionen y oder q in Frage. Die Wahl $w_1 = x$ und $w_2 = y$ ist vorzuziehen, weil so vermieden wird, dass eine Ansatzfunktion mit ihrer Ableitung multipliziert wird. Gleichzeitig entsteht so eine symmetrische Massenmatrix. Für den Fall $N=2$ lauten die Massen- und Steifigkeitsmatrizen

$$\mathbf{M} = \begin{bmatrix} \int_0^L x_1 x_1 + y_1 y_1 \,\mathrm{d}s & \int_0^L x_1 x_2 + y_1 y_2 \,\mathrm{d}s \\ \int_0^L x_1 x_2 + y_1 y_2 \,\mathrm{d}s & \int_0^L x_2 x_2 + y_2 y_2 \,\mathrm{d}s \end{bmatrix}, \tag{3.33a}$$

$$\mathbf{K} = \begin{bmatrix} \int_0^L x_1 p_1 + y_1 q_1 \,\mathrm{d}s & \int_0^L x_1 p_2 + y_1 q_2 \,\mathrm{d}s \\ \int_0^L x_2 p_1 + y_2 q_1 \,\mathrm{d}s & \int_0^L x_2 p_2 + y_2 q_2 \,\mathrm{d}s \end{bmatrix}. \tag{3.33b}$$

Die Bewegungsgleichungen wurden der Einfachheit halber ohne Dämpfung aufgestellt. Um innere Dämpfung zu berücksichtigen, muss der Momentengleichung der Term $d_i \gamma$ hinzugefügt werden. Äußere Dämpfung wirkt typischerweise der Absolutbewegung entgegen und würde durch die Terme $d_a x$ und $d_a y$ in den Schnittkraftgleichungen in Erscheinung treten. In der praktischen Anwendung ist man oft am schnellen Abklingen von Schwingungen interessiert. Das lässt sich bei Blattfedern durch die Paketbauweise erreichen, weil dabei durch die Reibung zwischen den einzelnen Blattfedern viel Energie dissipiert wird.

3.2.3 Räumliche Betrachtung einer einzelnen Blattfeder

Nachdem im vorherigen Abschnitt die Berechnung der ebenen Bewegung erfolgte, geht es nun um Abweichungen senkrecht zur Bewegungsebene (Sollbewegung). Neben den Verformungen in der Ebene sind auch die Verformungen senkrecht dazu relevant: wie weit senkt sich der Tisch bei Belastung ab, und kommt es zu einem kippähnlichen Stabilitätsverlust der Blattfedern [84]. Aus dem Stahlbau ist bekannt, dass Träger mit einem hohen Verhältnis der Flächenträgheitsmomente anfällig für Kippen, auch Biegedrillknicken [100] genannt, sind. Dieser Fall trifft auf die Festkörpergelenke zu. Sie sind sehr dünn und sehr hoch, um nachgiebig in Bewegungsrichtung und steif senkrecht dazu (Traglast) zu sein. Der Fall der geraden (undeformierten) Blattfeder entspricht dem klassischen Fall des Kippens. Die Vorgehensweise zum Bestimmen des zulässigen Verhältnisses aus Querschnittshöhe zu -breite

3.2 Festkörpergelenke mit verteilter Nachgiebigkeit

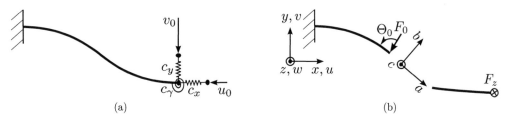

Abbildung 3.8: Festkörpergelenke als Teil eines Biglide-Mechanismus: Mechanisches Modell (a), Variablen und Koordinaten (b)

der in der Ebene vordeformierten Blattfedern orientiert sich an den Methoden zum Berechnen der kritischen Last und des Nachbeulverhaltens (engl.: post-buckling) [17, 89, 127]. Im Betrieb ist der Balken vordeformiert. Damit handelt es sich nicht mehr um ein klassisches Stabilitätsproblem, sondern durch die Imperfektion um ein geometrisch nichtlineares Problem. Verwandte Beispiele wie Knickstab mit Vorkrümmung oder exzentrischem Kraftangriff finden sich in Lehrbüchern [55]. Die Modellierung einer Blattfeder als Teil eines Biglide-Mechanismus ist in Abb. 3.8 dargestellt. Ihr linkes Ende ist fest eingespannt und das rechte elastisch gelagert. Die elastische Lagerung drückt die Tatsache aus, dass der Tisch von drei anderen Blattfedern gehalten wird [85]. Zwei Koordinatensysteme sind notwendig, um dieses Problem zu beschreiben. Ein raumfestes System (xyz) und ein materielles (abc). Beide sind kartesisch. Das materielle System hat seinen Ursprung auf der Schwerpunktlinie des Balkens. Seine Achsen sind entlang der Haupttorsions- und -biegeachsen gerichtet. Eine Näherungslösung lässt sich aus dem Prinzip der minimalen potentiellen Energie bestimmen, wenn das resultierende Variationsproblem durch Ritz-Ansätze diskretisiert wird [132]. Dazu werden Verdrillung (Torsion) und Krümmung , γ (Biegung) durch folgende Ansatzfunktionen approximiert

$$(s) = \sum_{n=1}^{N} a_n \cos \frac{2n-1}{2} \frac{s}{L}, \qquad (3.34)$$

$$(s) = \sum_{n=1}^{N} b_n \cos \frac{2n-1}{2} \frac{s}{L}, \qquad (3.35)$$

$$\gamma(s) = \gamma_p + \sum_{n=1}^{N} g_n \cos \frac{n}{2} \frac{s}{L}. \qquad (3.36)$$

Der Strich kennzeichnet die Ableitung nach der Bogenlänge s. Das rechte Ende sei frei von dem Torsionsmoment $M_a = 0$ und dem Biegemoment $M_b = 0$, wohingegen ein Biegemoment $M_c = 0$ vorhanden sein soll, um den Zustand der Vordeformation zu erzeugen. Das elastische Potential berechnet sich direkt durch das Einsetzen der Ansatzfunktionen in die Ausdrücke

$$_i = \frac{GI_T}{2}\int_0^L {}^2\,\mathrm{d}s + \frac{EI_b}{2}\int_0^L {}^2\,\mathrm{d}s + \frac{EI_c}{2}\int_0^L \gamma^2\,\mathrm{d}s. \qquad (3.37)$$

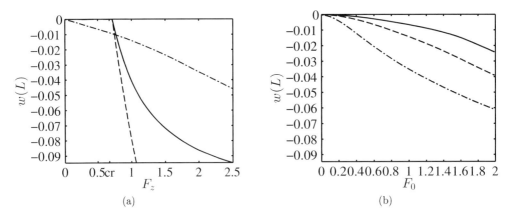

Abbildung 3.9: Absenkung (z-Richtung) des Endpunktes der Blattfeder bei Belastung: gerader Kragträger mit freiem Ende (durchgezogen), dessen Approximation nach Timoschenko (gestrichelt) und einer vordeformierten Blattfeder ($F_0 = 1$N) mit elastisch gelagertem Ende (strichpunktiert), die kritische Kipplast nach Timoschenko ist auf der x-Achse mit cr gekennzeichnet (a); Absenkung des Endpunktes in Abhängigkeit der Vordeformation für drei verschiedene Lasten $F_z = 0.5$N (durchgezogen), $F_z = 1$N (gestrichelt) und $F_z = 2$N (strichpunktiert) (b)

Das äußere Potential umfasst Anteile der Belastung F_z und indirekt auch die äußere Kraft F_0 und das äußere Moment M_0 zur Erzeugung der Vordeformation

$$\Pi_a = \frac{1}{2} c_x \left(u(L) - u_0 \right)^2 + \frac{1}{2} c_y \left(v(L) - v_0 \right)^2 + \frac{1}{2} c_\gamma \left(\gamma(L) - \gamma_0 \right)^2 + F_z w(L). \quad (3.38)$$

Dieser Zustand wird dabei durch die Federn (Steifigkeiten c_x, c_y, c_γ) erzeugt. Die Fußpunktverschiebungen u_0, v_0 (x-, y-Richtung) und -winkel γ_0 (um c-Achse) sind entsprechend der vorgeschriebenen Vordeformation γ_p festgelegt. Zur Vereinfachung wurde angenommen, dass es im vordeformierten Zustand keine Verdrehung des Endes $\gamma_p(L) = 0$ gibt. Dadurch ist die Mittellinie des Balkens punktsymmetrisch zum Mittelpunkt $s = L/2$. Dieser Zustand entspricht dem im vorherigen Abschnitt 3.2.2 gelösten Fall der ebenen Blattfeder. Die Bestimmung der äußeren Potentialänderung ist aufwändiger, weil es die Verschiebung des Kraftangriffspunkts (u, v, w) im raumfesten System in Abhängigkeit der Ritz-Koeffizienten (a_n, b_n, g_n) erfordert. Ähnlich zu den Frenet-Seret Gleichungen [137] für natürliche Koordinaten lässt sich ein Anfangswertproblem für die ortsveränderlichen Basisvektoren des gewählten materiellen Koordinatensystems aufstellen (neun skalare Gleichungen)

$$\begin{bmatrix} \mathbf{a}' \\ \mathbf{b}' \\ \mathbf{c}' \end{bmatrix} = \begin{bmatrix} & +\gamma\,\mathbf{b} & \mathbf{c} \\ -\gamma\,\mathbf{a} & + & \mathbf{c} \\ + \mathbf{a} & \mathbf{b} & \end{bmatrix} = \mathbf{A}(s) \begin{bmatrix} \mathbf{a} \\ \mathbf{b} \\ \mathbf{c} \end{bmatrix} \quad \text{mit AB} \quad \begin{bmatrix} \mathbf{a}(0) \\ \mathbf{b}(0) \\ \mathbf{c}(0) \end{bmatrix} = \begin{bmatrix} \mathbf{x} \\ \mathbf{y} \\ \mathbf{z} \end{bmatrix}. \quad (3.39)$$

Nach dessen Lösung erhält man durch die Integration des Tangentenvektors $\mathbf{a}$ entlang der Bogenlänge s die Koordinaten der Balkenachse im raumfesten xyz-System. Damit ist

3.2 Festkörpergelenke mit verteilter Nachgiebigkeit

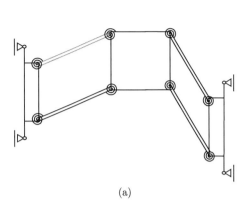
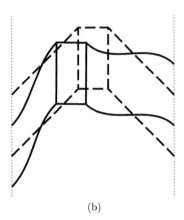

(a)   (b)

Abbildung 3.10: Idealisierter Starrkörpermechanismus (a) und festkörpergelenkbasierter Biglide-Mechanismus in Ausgangs- (gestrichelt) und ausgelenkter Stellung (durchgezogen) (b)

das Gesamtpotential $\Pi(a_n, b_n, g_n) = \Pi_i + \Pi_a$ des diskretisierten Problems numerisch auswertbar und dessen Extrema (Minima/Maxima sind stabile/instabile Gleichgewichtslagen) lassen sich mittels üblicher Optimierungsmethoden (Quasi-Newton-Line-Search) [25, 110], bestimmen. In Abb. 3.9(b) kann man sehen, wie sich mit zunehmender Vordeformation die Steifigkeit $F_z/w(L)$ reduziert. Der Sonderfall des klassischen Kippens ist eingeschlossen. Timoschenko's Approximation [147]

$$w(L) \approx \int_0^L \gamma(L-s)\,\mathrm{d}s \qquad F_{cr} = 4.013\frac{\sqrt{EI_cGI_T}}{L^2} \qquad (3.40)$$

stimmt für den geraden Träger mit dem Wert überein, bei dem der Stabilitätsverlust einsetzt. Weiterhin ist aus Abb. 3.9(a) ersichtlich, dass diese Approximation im Nachbeulbereich abweicht. In den vordeformierten Fällen liefert diese Approximation keine brauchbaren Werte mehr.

Im Gegensatz zu aufwändigen FEM Rechnungen bietet diese Methode jedoch mit wenigen Freiheitsgraden eine präzise Beschreibung des dreidimensionalen Verhaltens der Elastica.

3.2.4 Ebene Analyse des nachgiebigen Biglide-Mechanismus

Nachdem das Verformungsverhalten der einzelnen Blattfeder unter verschiedenen Belastungen gelöst worden ist, soll nun die ebene Kinematik und quasistatische Kinetik eines aus Blattfedern aufgebauten Biglide-Mechanismus analysiert werden. Das entsprechende Starrkörpersystem und die Bauweise mit Blattfedern sind in Abbildung 3.10 dargestellt. Eine Blattfeder ersetzt zwei Drehgelenke des idealisierten Starrkörpersystems. Weil in diesem Fall eine analytische Lösung aussichtslos erscheint, wird die nichtlineare Biegedifferentialgleichung zur numerischen Simulation in Zustandsform gebracht. Die Annahme, dass Krümmung und Biegemoment proportional sind

$$= (x\,y\quad x\,y\,)(x^{2}+y^{2})^{-3/2} = M_z/EI \qquad (3.41)$$

und Ausnutzung der Undehnbarkeitsannahme $x^{2}+y^{2}=$const. führen auf die kompakte Matrixgleichung

$$\begin{matrix} y & x & x \\ x & y & y \end{matrix} = \begin{matrix} M_z/EI \\ 0 \end{matrix}. \qquad (3.42)$$

Die Schlitten rechts und links und der Tisch werden aufgrund ihrer gegenüber den Blattfedern deutlich höheren Steifigkeit als Starrkörper angenommen. Die Unbekannten sind die Tischposition (x_S, y_S) und Tischdrehwinkel (γ_S) und alle Reaktionskräfte der Blattfedern an den tischseitigen Einspannungen

$$U^T = [x_S,\ y_S,\ \gamma_S,\ F_{S1x},\ F_{S1y},\ M_{S1z},\ F_{S2x},\ldots,\ M_{S4z}]. \qquad (3.43)$$

Durch die Vorgabe von Startwerten ist die rechte Seite der Gl. (3.42) festgelegt und die Berechnung der Biegelinien beschränkt sich auf die Lösung eines gewöhnlichen Anfangswertproblems. Nach der Lösung dieses Problems besteht eine Diskrepanz zwischen den aus den Anfangswertaufgaben ermittelten Enden der Blattfedern und der Tischposition. Im Detail lässt sich ein Residuumsvektor

$$R^T = \begin{bmatrix} F_x, & F_y, & M_z, \\ x_{B1} & x_{S1}, & y_{B1} & y_{S1}, & \frac{y'_{B1}}{x'_{B1}} & \tan\gamma_{S1}, & x_{B2} & x_{S2},\ldots, & \frac{y'_{B4}}{x'_{B4}} & \tan\gamma_{S4} \end{bmatrix} \qquad (3.44)$$

definieren, der die Verletzung des Kräfte und Momentengleichgewichts und der geometrischen Kompatibilität (Tischecken=Blattfederenden) beschreibt. Die Lösung des Verformungszustandes des Mechanismus ist der Zustand, dessen Residuumsvektor null ist. Er lässt sich mittels numerischer Optimierung (Trust-Region-Re ective Optimization) [110] finden. Bei der Auswertung der Ergebnisse fällt auf, dass bei einer Querbewegung des Tisches, wenn beide Schlitten in entgegengesetzte Richtungen fahren, eine Drehung des Tisches hervorgerufen wird. Dieser Effekt tritt im Starrkörpermodell nicht auf. Wie sich aus Abb. 3.11(a) erkennen lässt, nimmt diese Verdrehung mit steigender Querbewegung zu. Die Ursache liegt in der Asymmetrie der Verformungszustände zwischen linker und rechter Seite. Wenn sich der Tisch nicht verdreht, unterscheiden sich dadurch die Reaktionsmomente zwischen linker und rechter Seite und es kommt zu einem resultierenden Moment.

Weiterhin ist für die Anwendung in einer Werkzeugmaschine die Steifigkeit des Tisches gegenüber Prozesskräften relevant. Dazu wird in allen Stellungen die Steifigkeit des Tisches gegenüber einer Kraft in x- und y-Richtung und einem Moment um die z-Achse berechnet. Die Nachgiebigkeiten $S_{xx} = u_{Sx}/F_{Sx}$ und $S_{xy} = u_{Sy}/F_{Sx}$ sind stellvertretend für die anderen als Funktion der Schlittenposition in Abb. 3.11(b) dargestellt. Es ist offensichtlich, dass der Mechanismus in der Ausgangslage relativ steif ist und mit steigender Deformation immer nachgiebiger wird. Dieselbe Tendenz wiederholt sich für alle anderen Steifigkeiten. Bei hinreichend großen Kräften ist das Durchschlagen in weitere Gleichgewichtslagen möglich. Diese Fälle werden hier nicht weiter betrachtet, weil schon im Interesse der Präzision große Auslenkungen ausgeschlossen werden sollen.

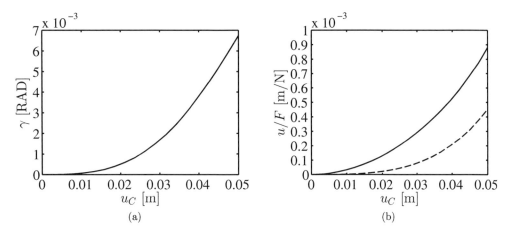

Abbildung 3.11: Querbewegung des Tisches: Drehung des Tisches (a), Nachgiebigkeit des Tisches in x- (durchgezogen) und y-Richtung (gestrichelt) gegenüber einer am Mittelpunkt angreifenden Einzelkraft in x-Richtung (b)

3.2.5 Schlussfolgerungen

Die Ergebnisse zeigen, dass die Steifigkeiten mit steigender Auslenkung dramatisch abnehmen. Für Parallelkinematiken ist es aber wichtig, dass sie eine hohe Längssteifigkeit aufweisen. Diese Aussage wird durch die kinetische Analyse am konkreten Beispiel des Biglide-Mechanismus in Abschnitt 5.3 bestätigt. Prinzipiell ist es ein Vorteil von Parallelkinematiken, dass die Verbindungen stark auf Zug-Druck beansprucht werden und weniger auf Biegung und Torsion, weil dadurch Gewicht eingespart werden kann (Leichtbau). Allerdings folgen daraus auch hohe Ansprüche an die Gelenksteifigkeit, die sich mit Festkörpergelenken mit verteilter Steifigkeit schwer erfüllen lassen.

Ein weiteres Problem ist die Verdrehung des Tisches, weil es damit zu einer stellungsabhängigen Verdrehung des Werkstücks bzw. Werkzeugs kommt und so die Präzision der Bearbeitung vermindert wird. Die Kompensation durch entsprechende Gegenmaßnahmen würde einen unverhältnismäßig hohen Aufwand nach sich ziehen.

Aufgrund dieser Ergebnisse für Festkörpergelenke mit verteilter Steifigkeit lässt sich der Einsatzbereich auf Anwendungen mit kleinen Arbeitsbereichen oder Positionierungsaufgaben (u.a. Linkage-Mechanisms [69]) einschränken. Für die Anwendung in einer Werkzeugmaschine wird eine zweite Variante von Festkörpergelenken untersucht.

3.3 Festkörpergelenke mit konzentrierter Nachgiebigkeit

Bei Festkörpergelenken mit konzentrierter Nachgiebigkeit konzentriert sich die Deformation auf definierte Abschnitte und die restlichen Bereiche können aufgrund ihrer großen Steifigkeit als starr angenommen werden. Die Geometrie von Biegegelenken (Drehgelenk)

3 Festkörpergelenke als spiel- und reibungsfreie Drehgelenke

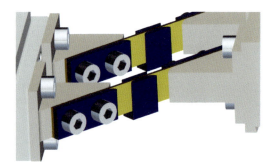

Abbildung 3.12: Detailansicht zweier Blattfedern mit Versteifungen im Biglide-Mechanismus

entspricht in den meisten Fällen einer ebenen Beschreibung und anschließender Extrusion. Das Gelenk wird über einen veränderlichen Querschnitt gebildet, wobei die Dicke des Querschnitts unverändert bleibt. In dieser Arbeit werden zwei Bauweisen untersucht: die einer Blattfeder mit aufgebrachten Versteifungen und die eines monolithischen Blocks mit eingebrachten Kerben. Der Reduktion des dünnsten Querschnitts sind Grenzen gesetzt, denn zum einen müssen diese Abschnitte der Traglast senkrecht zur Bewegungsebene standhalten und zum anderen gibt es fertigungstechnische Grenzen. Außerdem vergrößert sich bei derartigen Abmessungen der Einfluss von Fertigungsungenauigkeiten dramatisch [131].

3.3.1 Blattfedern mit Versteifungen

Bei dieser Variante wird die Blattfeder, wie in Abb. 3.12 dargestellt, zwischen zwei Versteifungen fixiert. Diese Variante ist fertigungstechnisch günstig, weil die entscheidende geometrische Größe, die Dicke des dünnsten Querschnitts, innerhalb enger Toleranzen festgelegt werden kann. Beim Einsatz von Präzisions-Lehrenband (Stahlfolien) liegen die Abweichungen im Bereich unter 1% [60]. Die versteiften Abschnitte werden als starr betrachtet und die unversteiften können wieder als Elastica, wie im vorangegangen Kapitel beschrieben, modelliert werden. Diese Annahme ist gültig, solange es nicht zum Kontakt zwischen Blattfeder und Versteifung kommt. Die Einhaltung dieser Bedingung bzw. die Überprüfung, dass bis zu diesem Kontakt unzulässig große Dehnungen auftreten würden, erfolgt im Nachgang. Aus einfachen geometrischen Betrachtungen wird klar, dass die unversteiften Abschnitte für die geforderten Winkel sehr dünn sein müssen. Die Konzentration der Verformung auf diese Abschnitte führt zu einer Bewegung die der eines idealen Drehgelenks nahe kommt. Ein einzelnes Gelenk dient nur dazu, einen bestimmten Drehwinkel zu erreichen, sofern die Translation vernachlässigt wird. In diesem Fall kann die Biegelinie durch einen Kreisbogen approximiert werden. Diese Approximation erlaubt es, die geometrischen Abmessungen abzuschätzen. Gemäß der Deformationskinematik der Euler-Bernoulli Hypothese besteht der Zusammenhang

$$\varepsilon_{max} = \frac{h}{2} \quad (3.45)$$

	Federstahl	Formgedächtnislegierung	Gummi
$\varepsilon_{el,df}$ [126]	0.0034	0.02	0.5
l/h	116	20	0.8

Tabelle 3.2: Abschätzung des Verhältnisses zwischen Länge l und Dicke h des nachgiebigen Abschnitts zum Erreichen eines 45° Winkels

zwischen maximaler Dehnung, Krümmung und der halben Balkendicke. Der erreichte Drehwinkel bei konstanter Krümmung (Kreis) lautet

$$\gamma = \int_0^l \kappa \, ds = l \kappa \ . \tag{3.46}$$

Der resultierende Zusammenhang zwischen Länge l und Dicke h des nachgiebigen Abschnitts ist für drei ausgewählte Werkstoffe in Tab. 3.2 ausgewertet.

3.3.2 Kerbgelenke

Wie in Abb. 3.13(a) zu sehen ist, bestehen Kerbgelenke aus steifen Abschnitten und konzentrierten Nachgiebigkeiten (Kerben), in denen die Bewegung abläuft.
Monolithische Kerbgelenke werden aus dem Ganzen gefräst oder erodiert. Für die Betrachtung eines einzelnen Gelenks reicht die Modellierung als Kragträger. Ein beispielhaftes Kerbgelenk ist in Abb. 3.13(b) zu sehen. Die Kerbform wird durch eine variable Höhe beschrieben. Sie ist die entscheidende Größe und wird in der Literatur intensiv diskutiert. Typische Kerbformen sind je nach Parametrisierung: Kreis-, Ellipsen-, Parabel-, V-Form-, Hyperbel- und Rechteckgelenk [22, 97–99, 111]. Die Optimierung dieser Formen nach bestimmten Zielgrößen wie Arbeitsbereich, Steifigkeit (Sollbewegung), Kinematik (parasitäre Bewegung) ist Gegenstand aktueller Forschung [24, 33, 165]. Das Ziel dieses Abschnittes ist es, bekannte Ergebnisse [164] zu reproduzieren, die Berechnungsmethoden zu validieren und im nächsten Abschnitt auf eine Schlüsselgröße einzugehen, die für den Einsatz in der Verfahreinheit relevant ist, nämlich die Steifigkeit gegenüber passiven (störenden) Kräften. Die Verformungsanalyse der Kerbgelenke ist schwieriger als für schlanke Balken konstanten Querschnitts. Nur Rechteckgelenke lassen sich analytisch auswerten, indem sie abschnittsweise als Elastica betrachtet werden. Für die übrigen Kerbgeometrien verkompliziert sich das geometrisch nichtlineare Randwertproblem so stark, dass es allgemein nur noch numerisch mittels FEM gelöst werden kann. Allerdings fallen die Lastfälle mit kleinen Verschiebungen noch in den Gültigkeitsbereich der geometrisch linearen Theorie. Es lassen sich dann noch Lösungen mittels klassischer Balkenmodelle [36], Energiemethoden [96] oder konformen Abbildungen [151] finden. Wenn auch nur eingeschränkt, gewinnt man so einen tieferen Einblick in das Verhalten eines Gelenks. Im Folgenden werden erst die analytischen Lösungen der linearen Balkentheorie eingeführt und anschließend deren Ergebnisse mit numerischen verglichen.

3 Festkörpergelenke als spiel- und reibungsfreie Drehgelenke

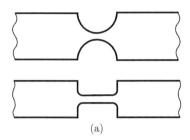
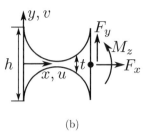

(a) (b)

Abbildung 3.13: Geometrische Gestaltung biegebasierter Kerbgelenke: allgemeine Varianten (a) und Parametrisierung der Kerbform (b)

Analytische Vorbetrachtungen für kleine Auslenkungen (Lineare Theorie)

Diese Vorbetrachtungen basieren auf zwei weit entwickelten, bewährten Zweigen der Technischen Mechanik: Strukturmodelle und Kerbspannungskonzepte. Als Strukturmodelle für Biegung kommen der Euler-Bernoulli Balken und der Timoschenko Balken [55] in Frage. Weil die durchschnittliche Balkenhöhe in der gleichen Größenordnung wie die Balkenlänge liegt, wird die Timoschenko Theorie bevorzugt. Die Effekte der Kerbe und ihr Einfluss auf die Spannungsverteilung sind aus Simulation und Experiment (Kerbschlagbiegeversuch, CT-Probe) bekannt [56].

Im Allgemeinen sind Kerbgelenke geometrisch durch ihre Länge l, Höhe h, Dicke b und die variable Höhe $t(x)$ der Kerbe beschrieben. Die folgenden Ausführungen verwenden exemplarisch die Parametrierung als Kreiskerbgelenk. Für andere Kerbformen ist der entsprechende Verlauf von $t(x)$ zugrunde zu legen. Der Dickenverlauf bei zwei symmetrischen Kreiskerben (Kreismittelpunkt: $x_m = l/2$, $y_m = \pm h/2$, Radius r) ist durch

$$t(x) = \frac{h^2 - t_s^2 + l^2}{4(h - t_s)} - \sqrt{\frac{\left(l^2 + (h - t_s)^2\right)^2}{4(h - t_s)^2} - \frac{(l - 2x)^2}{4}} \tag{3.47}$$

beschrieben, worin $t_s = h - 2r$ für die minimale Dicke steht. Damit lassen sich Fläche $A(x) = bh(x)$, statisches Moment $S_z(x,y) = \int_A y\,dA$ und Flächenträgheitsmoment $I_z(x) = \int_A y^2 dA$ berechnen. Für den in Abb. 3.13(b) dargestellten Kragträger folgt der

3.3 Festkörpergelenke mit konzentrierter Nachgiebigkeit

Spannungszustand abhängig von den äußeren Lasten F_x, F_y und M_z unter Annahme linear elastischen Werkstoffverhaltens [36]

$$\sigma_x(x,y) = \frac{F_x}{A(x)} + \frac{M_z(x)}{I_z(x)} y, \tag{3.48}$$

$$= \frac{F_x}{2b\sqrt{y_m^2 - r^2 - (x-x_m)^2}} + \frac{12 r^3 \, M_z + (l-x) F_y}{b \left[(x-x_m)^2 + 2 r (y_m - r)\right]^3} y, \tag{3.49}$$

$$\tau_{xy}(x,y) = \frac{F_y(x) S_z(x,y)}{I_z(x) b}, \tag{3.50}$$

$$= \frac{6 r^3 F_y \left[\sqrt{y_m^2 - r^2 - (x-x_m)^2}\right]^2 - y^2}{b \left[(x-x_m)^2 + 2 r (y_m - r)\right]^3}. \tag{3.51}$$

Die übrigen Komponenten σ_y, σ_z, τ_{xy}, τ_{yz} werden als vernachlässigbar klein angenommen. Für die Verschiebungen $u(x,z)$, $v(x)$ und die Verdrehung $\varphi(x)$ gelten entsprechend der Timoschenko-Balkentheorie

$$u(x,y) = y \varphi(x) + \frac{F_x}{E A(x)}, \tag{3.52}$$

$$v(x) = \varphi(x) + \frac{F_y}{{}_s G A(x)}, \tag{3.53}$$

$$\varphi(x) = \frac{M_z(x)}{E I_z(x)}, \tag{3.54}$$

wodurch sich durch Integration eine Steifigkeitsmatrix $\mathbf{K}$ ergibt

$$\mathbf{u} = \mathbf{N} \mathbf{f} \quad \rightsquigarrow \quad \mathbf{K} = \mathbf{N}^{-1} \quad \rightsquigarrow \quad \mathbf{K} \mathbf{u} = \mathbf{f}, \tag{3.55}$$

welche die Lasten $\mathbf{f} = (F_x, F_y, M_z)^T$ mit den verallgemeinerten Verschiebungen $\mathbf{u} = (u, v, \varphi)^T$ verknüpft. Diese Matrixdarstellung ist hilfreich, um später das Kerbgelenk durch ein diskretes Gelenk mit Drehfeder zu approximieren. Weiterhin folgt aus dieser Lösung die Berechnung der Bahnkurve bei kontinuierlicher Laststeigerung. Diese Bahnkurve vom unbelasteten bis zum maximal zulässig belasteten Zustand kann mit einem idealen Drehgelenk verglichen werden, indem daraus entweder ein Maß für die Kreisbahnabweichung oder die Momentanpolbewegung berechnet wird. Man bezeichnet diese Abweichungen von der Kreisbahn als parasitäre Bewegung. Sie tritt im unbelasteten Betrieb auf und ist von den Abweichungen von der Solltrajektorie, die durch passive Kräfte verursacht werden, zu unterscheiden.

Nachdem aus dem Balkenmodell die Last-Verschiebungsbeziehung und die Nennspannungen hergeleitet worden sind, folgt die Betrachtung der Spannungsverteilung im Bereich der Kerbe. Diese Analyse ist in vielen Punkten identisch mit der bruchmechanischen Untersuchung des Kerbeinflusses [56]. Dazu kann auf das Kerbspannungskonzept zurückgegriffen werden. Die maximal zulässige Auslenkung des Balkenendes kann mit Hilfe der Kerbwirkungszahlen K_{tt} für Zug und K_{tb} für Biegung (tabelliert in [59]) ermittelt werden. Als

3 Festkörpergelenke als spiel- und reibungsfreie Drehgelenke

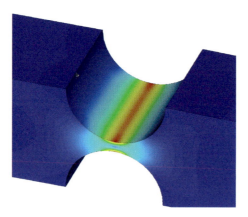

Abbildung 3.14: Spannungsverteilung (von Mises) in einem Kreiskerbgelenk bei Biegung mittels FEM

Versagenskriterium zum Bestimmen der kritischen Last dient die maximale Vergleichsspannung (von-Mises)

$$\sigma_{V,max} = \sqrt{(\sigma_{n,max} K_{tt} + \sigma_{b,max} K_{tb})^2 + 3\tau_{max}^2} \tag{3.56}$$

$$= \sqrt{\left(\frac{F_x}{bt_s} K_{tt} + \frac{6(M_z - \frac{l}{2}F_y)}{bt_s^2} K_{tb}\right)^2 + 3\left(\frac{F_x}{bt_s}\right)^2} \le R_{p0.2}. \tag{3.57}$$

Dabei werden die Maximalwerte von Normalspannung $\sigma_{n,max} = \sigma_n(l/2, 0)$, $\sigma_{b,max} = \sigma_b(l/2, \pm t_s/2)$ und Schubspannung $\tau_{max} = \tau(l/2, 0)$ addiert, obwohl sie nicht an der gleichen Stelle des Querschnitts auftreten. Diese Annahme ist konservativ. Die maximale Vergleichsspannung muss niedriger sein als die Dehngrenze $R_{p0.2}$ des Materials. Diese Berechnungen beziehen sich auf den statischen Fall. Um Aussagen über die Lebensdauer treffen zu können, müssen Schadensakkumulationshypothesen [50] einbezogen werden. Ansätze dazu finden sich bei Dirksen [35] für den Fall einer harmonischen Belastung um einen konstanten Mittelwert.

Numerische Ergebnisse für eine Beispielgeometrie

Ein Kreiskerbgelenk wird mit der vorgestellten Balkenmodellierung und nichtlinearer FEM (Abb. 3.14) gelöst, um den Gültigkeitsbereich der linearen Theorie zu identifizieren. Dabei wird das Modell um massive Abschnitte, die sich an die Kerbe anschließen, erweitert. Die Kerben werden symmetrisch in der Mitte eines Balkens der Länge $l = 100$ mm, Dicke $b = 10$ mm und Höhe $h = 10$ mm eingebracht. Die minimale Höhe beträgt $t_s = 1$ mm. Das resultierende Verhältnis aus minimaler Höhe zu maximaler Höhe $t_s/h = 1/10$ ist üblich für gängige Anwendungen. Durch den symmetrischen Aufbau reicht es, nur die Bewegungen in eine Richtung zu untersuchen. Als Materialparameter werden die einer AlCu4Mg1-Legierung (Tab. 3.3) gewählt. Es handelt sich dabei um einen bei industriell genutzten Festkörpergelenken verbreiteten Werkstoff. Sein Verhältnis aus Dehngrenze zu

3.3 Festkörpergelenke mit konzentrierter Nachgiebigkeit

	Symbol	Wert
Elastizitätsmodul	E	71 GPa
Querdehnzahl		0.33
Dichte		2770 kg/m^3
Dehngrenze	$R_{p0,2}$	325 MPa
Zugfestigkeit	R_m	460 MPa

Tabelle 3.3: Materialeigenschaften von AlCu4Mg1 (DIN EN 573-3: EN AW-2024-T351) [81]

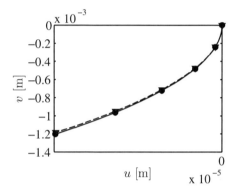

Abbildung 3.15: Bahn des Endpunktes bei Belastung nur durch F_a (ungestört) mittels FEM (durchgezogen) und nach der Balkentheorie (gestrichelt), die Kreise bzw. Dreiecke markieren Punkte gleicher Last, beim letzten Punkt wird die Dehngrenze erreicht, Hinweis: Die Achsen sind ungleich skaliert

Elastizitätsmodul $\frac{R_{p0,2}}{E} = 0.0046$ liegt im Bereich von Federstahl. Darüber hinaus lässt er sich sehr gut spanend bearbeiten. Die kinematische Analyse, dargestellt in Abb. 3.15, zeigt die Bahn des Endpunktes (statische Analyse) nach der Balkentheorie und nach der FEM für eine steigende Belastung der aktiven Kraft F_a. Dabei ist festzustellen, dass sich das FEM-Modell geringfügig steifer verhält.

Die Annahme kleiner Verformungen ist zulässig, weil die maximal zulässige Verformung (Dehngrenze) innerhalb des Gültigkeitsbereichs der linearen Theorie erreicht wird. Die Abweichungen zwischen der Balkentheorie und FEM in Tab. 3.4 sind akzeptabel. Daraus folgt, dass trotz der scharfen Querschnittsänderungen Aussagen aus der Balkentheorie abgeleitet werden dürfen. Neben den experimentell ermittelten und in der Praxis bewährten Kerbwirkungszahlen, gibt es noch die Formzahlen [57] als weitere Größe zur Beschreibung von Spannungskonzentrationen (Gestaltfestigkeitsberechnung). Sie beschreiben die Spannungsverteilung als Verhältnis der maximalen Spannung zur Nennspannung. Im Gegensatz zur Kerbzahl werden sie rechnerisch bestimmt. Simulationen innerhalb eines FEM Programms berechnen die Lastgrenze durch das Erreichen der maximalen Spannung im Bauteil. Deswegen liegt es nahe, die Formzahlen aus der FEM Simulation mit den Kerb-

	Balkentheorie	FEM
Maximaler Biegewinkel [ ]	1.29	1.31
Biegesteifigkeit [$\frac{Nm}{RAD}$]	22.76	23.18

Tabelle 3.4: Vergleich der Ergebnisse des Balkenmodells und der FEM Simulation (Kontinuumselemente) für das Kreiskerbgelenk

zahlen für Biegung zu vergleichen. Als Bezugsquerschnitt zur Angabe der Nennspannung wird im vorliegenden Fall der dünnste Querschnitt verwendet. Im Fall der maximal zulässigen Belastung des hier betrachteten Kreiskerbgelenks liegt die Formzahl bei 1.048 und die Kerbzahl mittels empirischer Formeln bei 1.043 [36]. Diese Differenz ist vermutlich auf die plastische Zone zurückzuführen, welche reduzierend auf die Kerbspannungen wirkt.

3.3.3 Schlussfolgerungen

Durch die Konzentration der Deformation auf die kurzen, nachgiebigen Abschnitte treten große lokale Dehnungen auf, und es sind im Vergleich zu verteilten Nachgiebigkeiten nur kleinere Ausschläge (Drehwinkel) zulässig. Andererseits ist aus den Anwendungen bekannt, dass sich durch die konzentrierte Bewegungserzeugung bessere Störsteifigkeiten gegenüber passiven Kräften aus dem Prozess erreichen lassen. Deswegen wird im Folgenden der Übergang von konzentrierter zu verteilter Nachgiebigkeit näher beleuchtet, um den bestmöglichen Kompromiss zwischen Steifigkeit und Begrenzung der Ausschläge zu finden.

3.4 Übergang von konzentrierter zu verteilter Nachgiebigkeit

Nachdem konzentrierte und verteilte Nachgiebigkeiten separat betrachtet worden sind, bleibt noch die Frage offen, wie sich ein Gelenk im Übergangsbereich zwischen diesen beiden Grenzfällen verhält. Die bisherigen Analysen zeigen, dass verteilte Nachgiebigkeiten einen großen Arbeitsbereich zulassen, aber dafür sehr anfällig gegenüber Störkräften sind. Festkörpergelenke mit konzentrierten Nachgiebigkeiten sind kinetisch robuster und werden in Anwendungen, in denen Störkräfte auftreten, eingesetzt. Bei der Gestaltung der Kerbformen muss ein Kompromiss zwischen dem Arbeitsbereich und der Steifigkeit der Lagerung gefunden werden. Um einen großen Arbeitsbereich zu ermöglichen, muss im Festkörpergelenk der nachgiebige Bereich vergrößert werden. Der Übergang von konzentrierter (Kreiskerbgelenk) zu verteilter Nachgiebigkeit (Blattfeder) wird dazu durch den Abstand d_k zwischen den Viertelkreismittelpunkten der Kerbgeometrie (Abb. 3.16) parametrisiert. Dieser Abstand wird von $d_k = 0$ (Kreiskerbgelenk) solange vergrößert bis keine Kerbe mehr vorhanden ist und nur noch ein schlanker Balken übrigbleibt. Als Material wird wieder AlCu4Mg1 zugrunde gelegt. Als Methode wird nur noch die FEM eingesetzt. Die numerischen Ergebnisse schließen die beiden Extremfälle der zwei vorangegangenen Abschnitte ein. Die Simulationen der Festkörpergelenkverformung werden als geometrisch

3.4 Übergang von konzentrierter zu verteilter Nachgiebigkeit

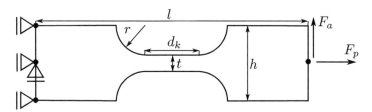

Abbildung 3.16: Geometrische Parametrisierung des Übergangs vom Kreiskerbgelenk zur Blattfeder durch die Kerbgrundlänge d_k

nichtlineare zweidimensionale FEM Analyse durchgeführt (COMSOL Multiphysics V.4.2, 2226 Dreieckselemente, Ebener Spannungszustand). Das Ziel dieser Simulationen sind die bereits genannten Schlüsselgrößen: Bahnkurven, Kraft-Verschiebungsbeziehung und Spannungsverteilung. Das Festkörpergelenk wird wie bisher auch als Kragträger betrachtet, dessen linkes Ende fest eingespannt ist und dessen freies Ende unter der angreifenden Last eine Bahnkurve beschreibt. Entsprechend dem Anwendungszweck als Drehgelenk wird die Last in eine aktive und eine passive Kraft aufgeteilt. Die aktive Kraft F_a greift normal zur Balkenachse am freien Ende an, während die passive Kraft F_p entlang der Balkenachse zum Gelenkmittelpunkt gerichtet ist. Im Sinne Howells [70] erzeugt die aktive Kraft die Sollverformung (Drehung), wohingegen die passive Kraft Störkräfte aus dem Prozess repräsentiert, die zu Abweichungen von der nominalen Bahn führen. Die aktive Kraft F_a wird schrittweise erhöht, bis die maximale Vergleichsspannung im Balken die Fließgrenze erreicht. Neben dem unbelasteten Fall (nur F_a), wird noch der Fall mit der passiven Kraft F_p entlang der Balkenachse betrachtet. Der ungestörte Fall definiert die Solltrajektorie (Drehbewegung) und der Vergleich mit der Trajektorie der gestörten Bewegung definiert die Störsteifigkeit (Translation). Als Ergebnisse werden für jede Geometrie, d.h. jeden Wert von d_k

- die Bahn des Endpunkts berechnet, bis die Fließgrenze erreicht wird. Daraus folgt dann der maximale Drehwinkel.

- die Last-Verschiebungskurve der Sollbewegung bestimmt, woraus die Drehsteifigkeit folgt.

- die Abweichung von der Solltrajektorie durch die Störkraft ermittelt. Aus dieser ergibt sich dann die Störsteifigkeit.

Für jeden Wert von d_k ergeben sich Verläufe wie in Abb. 3.17 beispielhaft für das Kreiskerbgelenk ($d_k = 0$) dargestellt. Diese Verläufe müssen auf skalare Werte reduziert werden, um die Varianten untereinander besser vergleichbar zu machen. Als derartige Vergleichsgrößen werden eingeführt: die Übereinstimmung des Endpunkts mit einer Kreisbahn, die Steifigkeit der Sollbewegung und die Störsteifigkeit.
Der Unterschied zwischen Endpunktpfad und Kreisapproximation wird durch ein Fehlermaß beschrieben

$$Q = \frac{1}{2} \sum_i \left(\sqrt{(u_{ud,i} - x_M)^2 + v_{ud,i}^2} - R \right)^2. \tag{3.58}$$

3 Festkörpergelenke als spiel- und reibungsfreie Drehgelenke

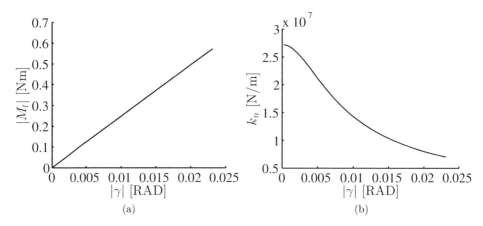

Abbildung 3.17: Kinetik des Kreiskerbgelenks ($d_k = 0$): Last-Verschiebungskurve der gewünschten Bewegung ohne passive Kräfte umgerechnet in Drehwinkel und -moment (a), und Steifigkeit gegenüber passiven Kräfte in Abhängigkeit des Drehwinkels (b)

Abb. 3.18 bestätigt, dass sich der Endpunkt in guter Näherung auf einer Kreisbahn bewegt. Weiterhin fällt auf, dass die Bahnen sich weniger im Verlauf als vielmehr durch ihre Länge, d.h. die maximale Auslenkungen, unterscheiden.

Um einen skalaren Wert für die Steifigkeit der Sollbewegung zu erhalten, wird die Kraft-Verschiebungskurve des ungestörten Lastfalls ausgewertet. Aus Abb. 3.17(a) ist ein nahezu linearer Zusammenhang zwischen dem durch die Kraft F_a hervorgerufenen Drehmoment (Hebelarm $l/2$) und dem Drehwinkel (Windel der Balkenachse am freien Ende) zu erkennen. Der mittlere Anstieg dieser Drehmoment-Drehwinkelkurve wird als Gelenksteifigkeit c_γ (Drehfeder) definiert.

Die dritte skalare Bewertungsgröße ist die Störsteifigkeit k_n (Dehnfeder). Sie folgt aus dem Vergleich von gestörter und ungestörter Bahn. Die Abweichungen vom idealen Gelenk müssen innerhalb gewisser Grenzen bleiben, sonst erfüllt das Gelenk seine Funktion nicht mehr. Wie man aus Abb. 3.17(b) erkennen kann, nimmt die Steifigkeit gegenüber Störkräften monoton ab. Ihr Minimum tritt folglich bei der maximalen Auslenkung auf. Weil im Betrieb in allen Positionen eine Mindeststeifigkeit gefordert ist, wird dieser minimale Wert der Störsteifigkeit zur Charakterisierung ausgewählt. Abb. 3.19(a) zeigt wie sich die Approximation als Kreisbahn im Sinne von Gl. (3.58) beim Übergang von konzentrierter zu verteilter Nachgiebigkeit verschlechtert. Sowohl die Bewegungs- als auch die Störsteifigkeit des Gelenks sinken dramatisch mit zunehmender Verteilung der Nachgiebigkeit. Abb. 3.19(b) zeigt einen nahezu exponentiellen Abfall.

Die Definition eines idealen Gelenks als frei beweglich in Bewegungsrichtung und unendlich steif in allen anderen, legt c_γ/k_n als kinetisches Gütekriterium nahe. Zusammen mit dem kinematischen Index Q der Kreisbahnqualität zeigen sie in Abb. 3.20(a), dass die konzentrierte Nachgiebigkeit am ehesten einem idealen Drehgelenk entspricht. Das Verhältnis der

40

3.4 Übergang von konzentrierter zu verteilter Nachgiebigkeit

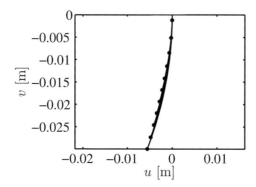

Abbildung 3.18: Alle Endpunktbahnen vom undeformierten Zustand bis zum Erreichen der Dehngrenze (Punkt) für $d_k = 0, 10, 20, \ldots, 100$ mm

Steifigkeiten c_γ/k_n und der Arbeitsbereich γ_{max} sind für die Auslegung von großer Bedeutung. Ihre Abhängigkeit von der Geometrie, parametrisiert durch d_k, ist in Abb. 3.20(b) dargestellt. Der realisierbare Bereich befindet sich unterhalb der Kurven. Dieses Diagramm zeigt klar, dass ein großer Arbeitsbereich und eine hohe Störsteifigkeit zwei gegenläufige Ziele sind.

3 Festkörpergelenke als spiel- und reibungsfreie Drehgelenke

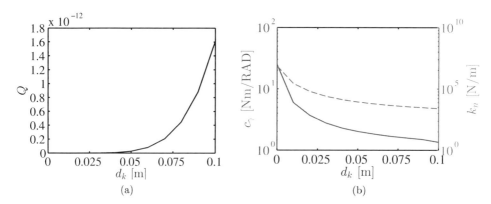

Abbildung 3.19: Einfluss der Geometrie, beschrieben durch die Länge d_k des nachgiebigen Bereichs, auf: Fehlermaß der Kreisbahnapproximation (a), Gelenksteifigkeit (durchgezogene Linie, bezieht sich auf die linke y-Achse) und Störsteifigkeit (gestrichelte Linie, bezieht sich auf die rechte y-Achse) (b)

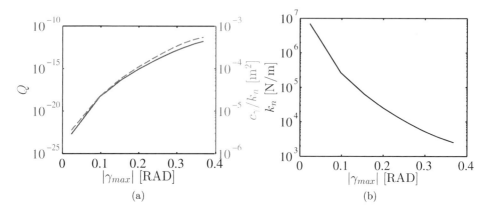

Abbildung 3.20: Kinematischer Index (Skala links) und kinetischer Index (gestrichelte Linie, Skala rechts) über Arbeitsbereich (a), Störsteifigkeit über Arbeitsbereich, nur Betriebspunkte unterhalb der Kurve sind möglich (b)

3.5 Anwendungsbereich und Gestaltungsrichtlinien

Die Ergebnisse der beispielhaften Kerbform (Kreiskerbe) sollen nun hinsichtlich der wichtigsten auslegungsrelevanten Merkmale und ihrer Tendenzen beim Übergang von konzentrierter zu verteilter Nachgiebigkeit abschließend diskutiert werden. Dabei steht der Einsatz als Drehgelenk im Vordergrund. Als Schlüsselgrößen werden definiert: der Arbeitsbereich (Winkel), die kinematische Abweichung von der Kreisbahn, die Kinetik der Sollbewegung und die Abweichung davon durch Störkräfte. Die Ergebnisse (Tab. 3.5) zeigen, dass die konzentrierte Nachgiebigkeit, aufgrund der Lokalisierung der Deformation, einem idealen Drehgelenk am nächsten kommt. Die Steifigkeit gegenüber Störkräften ist deutlich besser. Aber durch die einhergehende Spannungskonzentration ist der Arbeitsbereich (Drehwinkel) sehr klein, d.h. ein solches Drehgelenk erlaubt nur Drehwinkel von wenigen Grad. Durch die Verteilung der Nachgiebigkeit nimmt nicht nur wie beabsichtigt die Quer- sondern stellungsabhängig auch die Längssteifigkeit ab. Im spezifischen Beispiel lässt sich durch eine Verteilung der Nachgiebigkeit der Arbeitsbereich um die Größenordnung 10^1 vergrößern, während sich die Störsteifigkeit gleichzeitig um die Größenordnung 10^{-3} reduziert. Diese Steifigkeitsreduktion stellt ein Problem dar, weil es die Anwendung in einer Werkzeugmaschine, bei der immer Prozesskräfte wirken, ausschließt. Dieser tendenzielle Zusammenhang zwischen Arbeitsraum und Störsteifigkeit ist für alle Kerbformen der gleiche.

Bezüglich der Modellierung wird durch die nichtlineare FE-Analyse bestätigt, dass die Modellierung konzentrierter Nachgiebigkeiten für kleine Ausschläge mittels klassischer Balkentheorien und die Modellierung verteilter Nachgiebigkeiten als Elasticum zulässig sind.

	$d_k = 0$	$d_k = L$
Drehwinkel γ_{max}	1.32	21.1
Drehfeder c_γ	24.8 $\frac{\text{Nm}}{\text{RAD}}$	1.35 $\frac{\text{Nm}}{\text{RAD}}$
Störsteifigkeit k_n	$7.0 \cdot 10^6 \frac{\text{N}}{\text{m}}$	$2.5 \cdot 10^3 \frac{\text{N}}{\text{m}}$

Tabelle 3.5: Vergleich von konzentrierter und verteilter Nachgiebigkeit

4 Trockengleitlager als spiel- und reibungsarme Drehgelenke

Weil der begrenzte Drehwinkel der Festkörpergelenke für viele Anwendungen eine Einschränkung darstellt, soll eine zweite Lagervariante für unbegrenzte Drehwinkel bereitgestellt werden. In den vorgesehenen Anwendungen in der Mikrofertigung sind die Abmessungen der Lager sehr klein und sollen deswegen möglichst einfach aufgebaut sein. Deshalb wurden Trockengleitlager ausgewählt. Sie bestehen nur aus Hülse und Bolzen und kommen ohne Schmiermittel aus. Das Lagerspiel lässt sich über die Wahl der Passung vorgeben. Für die Anwendung in Präzisionsmechanismen soll das Lagerspiel auf null reduziert werden, weil sonst relativ zu den kleinen Abmessungen ein großer Positionsfehler verursacht wird. Durch die Reduktion des Lagerspiels erhöht sich die Flächenpressung und es kommt verstärkt zum Auftreten reibungsinduzierter Effekte. Neben den üblichen Auslegungsrechnungen rückt so eine Anforderung in den Vordergrund, die insbesondere für kleine Wege und Geschwindigkeiten entscheidend ist: die Unterdrückung dieser reibungsinduzierten Effekte. In den meisten konventionellen Anwendungen wird diesem Problem durch Schmierung begegnet. In der hier untersuchten Variante führt eine hochfrequente Relativbewegung zu einer Minderung der Reibung. Neben dem Wegfallen der Schmiermittelzufuhr und Dichtungen und entsprechenden Wartungsaufgaben, zeichnet sich diese Technologie durch eine steuerbare Reibcharakteristik aus. Die Reibkennlinie kann durch Amplitude und Frequenz der Anregung gezielt beeinflusst werden. Das zugrundeliegende Prinzip dieser Reibwertglättung wird in den folgenden Abschnitten beschrieben. Nach der Wiedergabe des aktuellen Standes der Technik wird ein prinzipieller Konstruktionsvorschlag gemacht. Es werden die dafür erforderlichen Modelle aufgestellt, aus denen im letzten Abschnitt eine konkrete Realisierung ableitet wird.

4.1 Stand der Technik

Trockengleitlager unterscheiden sich von geschmierten Gleitlagern durch die Abwesenheit eines flüssigen Schmierstoffes [28]. Ihr Aufbau ist einfach, und sie benötigen keine Mindestgeschwindigkeit/-drehzahl. Sie werden in Verpackungsmaschinen, in Förderanlagen, in der Lebensmittelindustrie, bei Büromaschinen und zur Ankerlagerung von Elektromagneten eingesetzt. Als typische Materialpaarungen kommen abrasionsbeständige Kombinationen wie oberflächengehärteter Stahl und Thermo-/Duroplaste (Polytetrafluorethen (PTFE) Teflon•, Molflon•, Zedex•) zum Einsatz [28]. In neueren Varianten werden die Laufflächen entweder durch Teflon in den Poren einer aufgesinterten Metallschicht gebildet (Glycodur•) oder das Teflon als Festschmierstoff in einer Kunststoffmatrix eingebettet (Permaglide•), wodurch sich gute Gleit- und Schmiereigenschaften ergeben. Der Verschleiß folgt in guter Näherung dem etablierten Vorhersagemodell, gemäß dem ein linearer Zusammenhang zwischen der Reibleistung und der Abtragsrate vorliegt [90]. Marktübliche Trockengleitlager sind im Gegensatz zu den in dieser Arbeit favorisierten jedoch spielbehaftet.

Ein zentrales Problem bei Gleitlagern und -führungen ist die Reibung, vor allem im Zusammenhang mit kleinen Wegen und Geschwindigkeiten. Der Übergang Haften-Gleiten ($\mu_H > \mu_G$, fallende Kennlinie) verursacht Ruckgleiten (engl.: stick-slip) und Losreißen. Unter Ruckgleiten versteht man den Wechsel aus Haft- und Gleitphasen, wenn beide Kontaktpartner relativ zueinander bewegt werden und die Bewegungserzeugung über eine endliche Steifigkeit eingeleitet wird. Losreißen bezieht sich auf den Beginn einer Bewegung, gemeint ist das starke Beschleunigen eines Kontaktpartners, wenn die angreifende Kraft die Haftkraft übersteigt, weil es dann durch den Abfall der Reibkennlinie sofort zu einer Beschleunigung kommt. Die Spielreduktion, ob durch engere Passung oder durch Vorspannung erzeugt, verstärkt diese unerwünschten Reibungseffekte. Zur Lösung dieses Problems existieren verschiedene Ansätze, die entweder an einer Modifikation der Reibparameter oder der regelungstechnischen Beeinflussung angreifen. Der zweite Ansatz basiert auf der Kompensation bekannter Reibwiderstände für häufig auftretende Bewegungen. Weitere Details folgen im Abschnitt 5.5.1 zu regelungstechnischen Aspekten der Trockengleitlager. Der erste Ansatz wird traditionell durch Schmierung [91] gelöst. Es existieren auch Vorschläge der Oberflächenbehandlung, um Supraschmierfähigkeit • (engl.: superlubricity) zu erzielen [123]. Diese befinden sich noch im Anfangsstadium der Entwicklung.

In dieser Arbeit wird ein anderer Weg gewählt, und zwar die Beeinflussung der Reibparameter durch erzwungene, hochfrequente Schwingungen kleiner Amplitude. Dieser Effekt der Reibwertglättung, ist seit den 1960er Jahren [105] bekannt und wird in der Ultraschallbearbeitung, z.B. beim Ultraschallbohren oder Ultraschallfräsen [6] erfolgreich eingesetzt. Die fallende Kennlinie wird durch hochfrequente Anregung beseitigt. Zur Erzeugung der Reibwertglättung ist eine hochfrequente Relativbewegung kleinster Wegamplituden zwischen den Kontaktpartnern notwendig. Prinzipiell kommen drei Varianten von Relativbewegungen in Frage: longitudinal, transversal und normal zur makroskopischen Sollbewegung. Abb. 4.1 zeigt die beteiligten Kontaktflächen und die Geschwindigkeit, in deren Richtung sich die eine Kontaktfläche makroskopisch gegenüber der anderen bewegen soll. Bei den ersten beiden Varianten befinden sich die Kontaktpartner im ständigen Zustand des Gleitens, bei der dritten Variante liegt ein Stoßschwingungssystem (engl.: vibro-impact) vor, dessen Kontaktzeiten deutlich kleiner als die Schwingungsdauer sind [6]. Auf die Werkstoffauswahl und -behandlung wird nicht eingegangen, sondern auf bewährte Materialpaarungen zurückgegriffen.

Der Effekt der Reibwertreduktion (statischer Reibwert) ist für alle drei Effekte rechnerisch und experimentell nachgewiesen [121]. Insbesondere die Beseitigung der makroskopisch fallenden Reibkennlinie durch den Longitudinaleffekt wurde rechnerisch nachgewiesen [21, 117] und wird in der Praxis bei Linearführungen genutzt [62, 95]. In Robotergelenken mit Drehantrieben werden den Stellgrößen hochfrequente Anteile (engl.: dither) überlagert, um die Reibung, ebenfalls durch den Longitudinaleffekt, zu reduzieren [4, 43, 75]. Eine praktische Umsetzung der Reibwertglättung in Drehgelenken ohne Drehantriebe ist nicht bekannt.

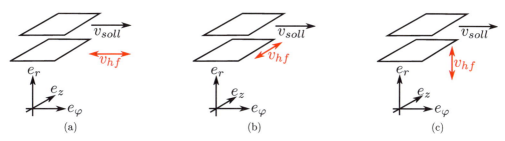

Abbildung 4.1: Bei der Reibwertglättung zwischen zwei Kontaktflächen werden nach der Richtung der hochfrequenten Schwingung in Bezug zur Sollbewegung drei Effekte unterschieden: Longitudinal- (a), Transversal- (b) und Normaleffekt (c)

4.2 Reibwertglättung durch hochfrequente Schwingungsanregung

Der klassische Reibschwinger „Masse auf Band" aus Abb. 4.2(a) ist das einfachste Modell, um Reibungseffekte zu untersuchen [102]. Er gibt die wichtigsten Eigenschaften wieder und dient als Modell für viele technische Systeme. Die damit erzielten Ergebnisse identifizieren eindeutig die fallende Kennlinie als Ursache des Ruckgleitens (engl.: stick-slip), das unterhalb einer bestimmten Bandgeschwindigkeit v_{b1}, die Abb. 4.2(b) eingezeichnet ist, auftritt. Wie von Thomsen [146] gezeigt, lassen sich diese fallenden Abschnitte der Reibkennlinie durch den Longitudinaleffekt beseitigen und so Ruckgleiten für alle Bandgeschwindigkeiten unterdrücken. Nach derselben Vorgehensweise soll hier der Transversaleffekt auf seinen Einfluss auf den Verlauf der Reibkennlinie untersucht werden. Der Transversaleffekt wird favorisiert, weil er für die Reibwertglättung in Drehgelenken konstruktiv einfacher umzusetzen ist als die beiden anderen Effekte. Er lässt sich durch axiale Bolzenschwingungen erzielen, während für den Longitudinaleffekt der Lagerbolzen zu Drehschwingungen angeregt werden müsste. Als Konsequenz reduziert sich der effektive Reibwert bei Drehbewegungen der Hülse um den Bolzen. Das Ziel der folgenden Untersuchungen ist es, entsprechende Auslegungskriterien für den Lagerentwurf bezüglich der Schwingungsanregung und ihrer aktorischen Umsetzung zu erarbeiten.

4.2.1 Reibschwinger mit hochfrequenter Anregung in transversaler Richtung

Der Reibschwinger mit transversaler, hochfrequenter Anregung, siehe Abb. 4.3(a), unterscheidet sich vom klassischen Reibschwinger in Abb. 4.2(a) durch die zusätzliche hochfrequente Bewegung mit der Geschwindigkeit v_{hf}, senkrecht zur Bewegung der Masse. Bei dieser Modellierung entspricht die Masse m der drehenden Hülse und das Band dem Bolzen. Unter Verwendung der entdimensionierten Größen

4 Trockengleitlager als spiel- und reibungsarme Drehgelenke

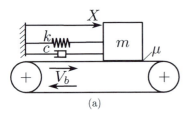
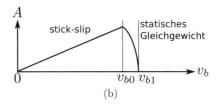

Abbildung 4.2: Klassischer Reibschwinger [102]: Modell des klassischen Reibschwingers (a) und die Amplitude seiner selbsterregten Schwingung in Abhängigkeit der Bandgeschwindigkeit (b)

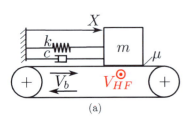
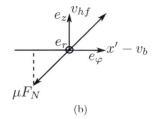

Abbildung 4.3: Reibschwinger mit hochfrequenter Anregung in transversaler Richtung: Modell in Seitenansicht (a) und Darstellung der Geschwindigkeitskomponenten in Draufsicht (b)

$$\tau = \omega_0 t, \quad \omega_0^2 = \frac{k}{m}, \quad x = \frac{X}{L}, \quad \gamma^2 = \frac{F_N}{kL}, \quad 2\delta = \frac{c}{km}, \quad v_b = \frac{V_b}{\omega_0 L}, \quad v_{hf} = \frac{V_{hf}}{\omega_0 L} \qquad (4.1)$$

lautet die Bewegungsgleichung

$$\ddot{x} + 2\delta \dot{x} + x + \gamma^2 \mu(v_r)\frac{\dot{x} - v_b}{v_r} = 0. \qquad (4.2)$$

Darin steht $v_r = \sqrt{(\dot{x} - v_b)^2 + v_{hf}^2}$ für die Relativgeschwindigkeit zwischen Masse und Band, wobei eine harmonische Bewegung $v_{hf} = v \cos\Omega\tau$ angenommen wird. Wie in Abb. 4.3(b) zu sehen, wechselt die Relativgeschwindigkeit ihre Richtung.
Weil eine hohe Frequenz angenommen wird, entspricht ihr Reziprokes Ω^{-1} einem kleinen Parameter im Sinne der Mittelwertbildung [16]. Die Bewegung wird auf zwei Zeitskalen betrachtet, eine mit der langsamen Zeit τ und eine mit der schnellen Zeit $T = \Omega\tau$. Durch das entsprechende Zerlegen der Bewegung in einen langsamen Anteil $z(\tau)$ und einen schnellen, kleinen Anteil $\Omega^{-1}\xi(\tau, T)$ wird aus der Ortsfunktion und ihren Ableitungen

$$x = z(\tau) + \Omega^{-1}\xi(\tau, T), \qquad (4.3a)$$
$$\dot{x} = \dot{z}(\tau) + \Omega^{-1}\xi_\tau(\tau, T) + \xi_T(\tau, T), \qquad (4.3b)$$
$$\ddot{x} = \ddot{z}(\tau) + \Omega^{-1}\xi_{\tau\tau}(\tau, T) + 2\xi_{\tau T}(\tau, T) + \Omega\xi_{TT}(\tau, T), \qquad (4.3c)$$

4.2 Reibwertglättung durch hochfrequente Schwingungsanregung

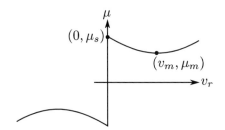

Abbildung 4.4: Typische Reibkennlinie [146]

so dass die Bewegungsgleichung $\ddot{x} + s(x,\dot{x}) = 0$, in der Dämpfung und Rückstellung im Term $s(x,\dot{x})$ zusammengefasst sind, die Form

$$z_{TT} = 0 \quad \varepsilon^{-1} \ddot{z} + 2 \dot{z}_T + s(z + \varepsilon^{-1}, \dot{z} + \varepsilon^{-1} + \dot{z}_T) + \varepsilon^{-2} \quad (4.4)$$

annimmt. Das Sortieren der Terme nach Größenordnungen ergibt

$$O(\varepsilon^0) : \quad z_{TT} = 0, \quad (4.5a)$$
$$O(\varepsilon^{-1}) : \quad \ddot{z} + s = 2 \dot{z}_T, \quad (4.5b)$$

wobei die weitere Entwicklung von s, bei der nur Terme der Größenordnung $O(\varepsilon^0)$ und darunter auftreten werden, später erfolgt. Aus Gleichung (4.5a) in Verbindung mit der Normierungsbedingung

$$\frac{1}{2} \int_0^{2\pi} \dot{z}^2 \, dT = 0 \quad (4.6)$$

ist ersichtlich, dass keine schnelle Bewegung des Schwingers auftritt ($\dot{z} = 0$). Setzt man dieses Ergebnis in die Mittelwertbildung für die langsame Bewegung z aus Gl. (4.5b) ein, dann ergibt sich

$$<s> \; = \; <2(\dot{z} + \varepsilon^{-1} + \dot{z}_T) + \ddot{z} + \varepsilon^{-1} + \gamma^2 \mu(v_r)\frac{\dot{x} - v_b}{v_r}> \quad (4.7a)$$
$$= \; 2\dot{z} + \ddot{z} + \gamma^2 <\mu(v_r)\frac{\dot{z} - v_b}{v_r}>. \quad (4.7b)$$

Um diesen Ausdruck auswerten zu können, muss die Reibkennlinie $\mu(v_r)$ parametrisiert werden. Es wird die in Abb. 4.4 skizzierte polynomiale Approximation gewählt

$$\mu(v_r) = \mu_s \mathrm{sgn}(v_r) - \frac{3}{2}(\mu_s - \mu_m)\frac{v_r}{v_m} + \frac{1}{3}\left(\frac{v_r}{v_m}\right)^3. \quad (4.8)$$

Ordnen nach Potenzen von v_r und Aufteilung in drei Summanden für die Integration der Mittelwertbildung führt auf die Darstellung

$$<\mu(v_r)\frac{\dot{z} - v_b}{v_r}> \; = \; <(\mu_s \mathrm{sgn}(v_r) + \alpha_1 v_r + \alpha_3 v_r^3)\frac{\dot{z} - v_b}{v_r}> \quad (4.9a)$$
$$= \; M_0 + M_1 + M_3 \quad (4.9b)$$

4 Trockengleitlager als spiel- und reibungsarme Drehgelenke

mit

$$c_1 = \frac{3}{2}\frac{\mu_s}{v_m}\mu_m, \qquad c_3 = \frac{1}{2}\frac{\mu_s}{v_m^3}\mu_m. \tag{4.10}$$

Weiter wird der Ausdruck $z(\dot\varphi) v_b = v_x$ abgekürzt als die Komponente der Relativgeschwindigkeit v_r zwischen Masse und Band in Richtung der Bandgeschwindigkeit. Ohne den transversalen Anteil v_{hf} wären beide identisch, d.h. dann wäre $v_x = v_r$. Es handelt sich bei v_x um die makroskopisch sichtbare Relativgeschwindigkeit zwischen Masse und Band. Die Projektion der Reibkraft auf die x-Achse enthält die Richtungsinformation, so dass v_r als Betrag der Relativgeschwindigkeit stets positiv ist. Die Summanden sind somit

$$M_0 = \frac{1}{2}\int_0^{2\pi} \mu_s \frac{v_x}{v_r}\, dT, \tag{4.11a}$$

$$M_1 = \frac{1}{2}\int_0^{2\pi} c_1 v_x\, dT, \tag{4.11b}$$

$$M_3 = \frac{1}{2}\int_0^{2\pi} c_3 v_r^2 v_x\, dT \tag{4.11c}$$

und werden einzeln integriert. Die Integration des ersten Summanden

$$M_0 = \frac{\mu_s}{2}\int_0^{2\pi} \frac{v_x}{v_r}\, dT \tag{4.12}$$

führt mit

$$v_r = \sqrt{v_x^2 + v^2\cos^2 T} \tag{4.13}$$

auf

$$M_0 = \frac{\mu_s}{2}\int_0^{2\pi} \frac{v_x}{\sqrt{v_x^2 + v^2\cos^2 T}}\, dT. \tag{4.14}$$

Mit den Abkürzungen $\kappa = v_x/v$ und $k = \frac{1}{\sqrt{1+\kappa^2}}$ ergibt sich

$$M_0 = \frac{\mu_s}{2}\int_0^{2\pi} \frac{\kappa}{\sqrt{\kappa^2 + \cos^2 T}}\, dT \tag{4.15a}$$

$$= \frac{\mu_s}{2}k\int_0^{2\pi} \frac{1}{\sqrt{1-k^2\sin^2 T}}\, dT \tag{4.15b}$$

$$= 2\mu_s k\int_0^{\pi/2} \frac{1}{\sqrt{1-k^2\sin^2 T}}\, dT \tag{4.15c}$$

$$= 2\mu_s k\, K_1(k) \tag{4.15d}$$

und damit ein vollständiges elliptisches Integral erster Ordnung.
Die Integrationen des zweiten und dritten Summanden sind einfach. Mit

$$v_x = z(\dot\varphi)\, v_b = f(T) \tag{4.16}$$

4.2 Reibwertglättung durch hochfrequente Schwingungsanregung

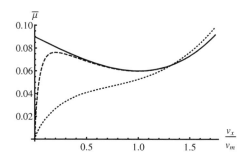

Abbildung 4.5: Beispielhafte makroskopisch wirksame Reibkennlinien für $\mu_s = 0.09$, $\mu_m = 0.06$, $v_m = 1$ m/s und verschiedene Werte der hochfrequenten Anregung: $v/v_m = 0$ (durchgezogen), $v/v_m = 1/10$ (gestrichelt), $v/v_m = 1$ (gepunktet)

ergeben sich

$$M_1 = \frac{1}{2\pi}\int_0^{2\pi} {}_1v_x\, dT \tag{4.17a}$$

$$= {}_1v_x \tag{4.17b}$$

und

$$M_3 = \frac{1}{2\pi}\int_0^{2\pi} {}_3v_r^2 v_x\, dT \tag{4.18a}$$

$$= \frac{1}{2\pi}\int_0^{2\pi} {}_3(v_x^2 + v^2\cos^2 T)v_x\, dT \tag{4.18b}$$

$$= {}_3v_x\left(v_x^2 + \frac{1}{2}v^2\right). \tag{4.18c}$$

Die Differentialgleichung der langsamen Bewegung folgt durch das Einsetzen dieser Ergebnisse in Gl. (4.5b). Sie enthält neben den konstanten Parametern der Ausgangsgleichung und der Amplitude der hochfrequenten Bewegung v nur noch die Abhängigkeit von der Geschwindigkeit v_x in Form des gemittelten Reibwerts

$$\ddot{z} + 2\delta\dot{z} + z + \gamma^2\bar{\mu}(v_x) = 0. \tag{4.19}$$

Die erhaltene Differentialgleichung für z entspricht der Bewegungsgleichung des klassischen Reibschwingers mit der Besonderheit, dass die Reibkennlinie modifiziert worden ist. Abb. 4.5 ist zu entnehmen, wie die makroskopisch wirksame Reibkennlinie

$$\bar{\mu}(v_x) = \frac{2k\mu_s v_x K_1(k)}{\pi v} + \frac{v_x(\mu_m - \mu_s)\cdot 3v_m^2\cdot (v^2/2 + v_x^2)}{2v_m^3} \tag{4.20}$$

mit steigender Geschwindigkeitsamplitude der hochfrequenten Bewegung geglättet wird. Damit ist der theoretische Funktionsnachweis erbracht. Abschließend soll die mindestens notwendige Geschwindigkeitsamplitude v gefunden werden, bis keine fallenden Abschnitte der Reibkennlinie mehr auftreten. Dieser Grenzfall ist genau dann erreicht, wenn beide

Extrema der Reibkennlinie zu einem Sattelpunkt verschmelzen. Mathematisch bedeutet dies, dass dann ein Wert der Geschwindigkeit v_x existiert, an dem die Ableitungen

$$\frac{\mathrm{d}\bar{\mu}}{\mathrm{d}v_x} = 2\mu_s k \frac{E_2(k) - K_1(k)}{v} - \frac{(\mu_m - \mu_s)(v^2 - 6v_m^2 + 6v_x^2)}{4v_m^3} = 0, \quad (4.21\mathrm{a})$$

$$\frac{\mathrm{d}^2\bar{\mu}}{\mathrm{d}v_x^2} = 2\mu_s k \frac{(v^2 - v_x^2)E_2(k) + v_x^2 K_1(k)}{vv_x(v^2 + v_x^2)} - 3v_x \frac{\mu_m - \mu_s}{v_m^3} = 0 \quad (4.21\mathrm{b})$$

verschwinden. Damit liegen zwei Gleichungen für zwei Unbekannte vor. Diese Unbekannten sind die notwendige Mindestamplitude v und die Geschwindigkeit v_x, an der sich der Sattelpunkt befindet. Aufgrund der Nichtlinearität dieser beiden Gleichungen ist nur noch eine numerische Lösung bei gegebenen Parametern (μ_s, μ_m, v_m) möglich.

Neben der Elimination der störenden Effekte ist die modifizierte Kennlinie im Zusammenhang mit der Anwendung zu bewerten. Zum einen kann sich die verbleibende Reibung durch ihre dissipative und damit schwingungsdämpfende Wirkung vorteilhaft auf den Betrieb auswirken, zum anderen führt sie zu erhöhtem Energieverbrauch und stärkerer Erwärmung.

4.3 Erzeugen der Reibwertglättung im Trockengleitlager

Aus dem vergangenen Kapitel geht hervor, dass sich reibungsinduzierte Effekte unterdrücken lassen, wenn eine hinreichend große Geschwindigkeitsamplitude zwischen Bolzen und Hülse erreicht wird. Die Erzeugung dieser Relativbewegung ist Gegenstand dieses Abschnitts. Dabei wird die Annahme getroffen, dass der Bolzen durch zwei Hülsen (oben/unten) mit dem Gehäuse und einer Hülse (mittig) mit der Strebe verbunden ist und am unteren Ende angeregt wird. Die mittlere Hülse dreht sich mit der Strebe um den Bolzen während die beiden anderen Hülsen mit dem Lagergehäuse verbunden sind. Am Fußpunkt wird der Bolzen durch einen piezoelektrischen Aktor zu hochfrequenten Schwingungen angeregt. Auf der gegenüberliegenden Seite befindet sich eine vorgespannte Feder. Eine beispielhafte konstruktive Umsetzung ist in Abb. 4.6 dargestellt. Die zu beantwortenden Fragen sind:

1. Erreichen die hochfrequenten Schwingungen in axialer Richtung den Kontaktbereich zwischen Hülse und Bolzen und können sie das Haften lösen?

2. Ist die Reibwertreduktion ausreichend, um unerwünschte Effekte wie Losreißen und Ruckgleiten beim Drehen der Hülse um den Bolzen auszuschließen?

3. Geht der Kontakt zwischen Piezoaktor und Bolzen zeitweise verloren?

Zur Analyse der Bolzenschwingung erscheinen folgende nach Detaillierungsgrad geordnete Modellierungsansätze sinnvoll:

    konzentrierte Parameter

        Einmassenschwinger

4.3 Erzeugen der Reibwertglättung im Trockengleitlager

Abbildung 4.6: Konstruktionsvorschlag: an einem Ende des Bolzens befindet sich der Aktor, am anderen die Vorspannfeder und dazwischen ist er von drei Hülsen umgeben

Mehrmassenschwinger

verteilte Parameter

Stabmodell (1D)

Axialsymmetrisches Kontinuumsmodell (2D)

Volles Kontinuumsmodell (3D)

Zwischen Bolzen und Hülse wird trockene Reibung und als Materialmodell linear elastisches Verhalten aller Teile angenommenen. Die Hülsen lassen sich dabei entweder als starrer Reibkontakt oder als eigenständige Körper modellieren. Der Vorteil der Modelle mit konzentrierten Parametern besteht darin, dass sie sich noch weitgehend mit analytischen Methoden behandeln lassen, während die Behandlung der Kontinuumsmodelle nur noch numerisch möglich ist. Die einfachste Modellierung beschreibt den ganzen Bolzen als Starrkörper, um grundsätzliche Aussagen über Anregung und Verhalten der Bolzenschwingung zu erhalten. Die Diskretisierung des Dehnstabmodells führt zu einem Mehrmassenschwinger. Die im Kontakt stehenden Abschnitte entsprechen dann starren Körpern und die Abschnitte dazwischen Federn. Dadurch erhält man ein genaueres Bild der Zustände zwischen dem Bolzen und den einzelnen Hülsen. Eine feinere Modellierung ist mit FEM möglich, wobei ein axialsymmetrisches Modell auch Informationen über die Spannungsverteilung in radialer Richtung liefert. Ein volles dreidimensionales Modell geht über die zur Verfügung stehenden Rechenkapazitäten hinaus und verspricht keinen signifikanten Erkenntnisgewinn.

4.3.1 Starrkörpermodell des Lagerbolzens

Die folgenden Ausführungen dienen als Einstieg in die Untersuchung schwingungsfähiger Systeme mit Reibkontakt und als Vorbetrachtung für die Lagergestaltung. Das einfachste Modell beruht auf der Annahme, dass der Bolzen sich wie ein Starrkörper verhält. Diese Annahme ist zulässig, wenn die Steifigkeit des Bolzens deutlich größer ist, als die der elastischen Lagerung und die Anregungsfrequenz unterhalb seiner ersten Eigenfrequenz liegt. Abb. 4.7 zeigt das entsprechende Modell, einmal mit starrem Reibkontakt und einmal mit

4 Trockengleitlager als spiel- und reibungsarme Drehgelenke

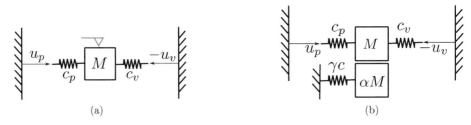

Abbildung 4.7: Modellierung des Bolzens als Einmassenschwinger im Reibkontakt mit einer starren Wand (a) oder mit den drei Hülsen, die zu einer Masse zusammengefasst werden (b)

der Hülse als zweite Masse. Der piezoelektrische Aktor wird durch die Fußpunktanregung u_p der linken Feder modelliert und die Vorspannung durch die Verschiebung u_v des Fußpunktes der rechten Feder. Die Bewegung des Bolzens wird aufgeteilt in die stationäre Gleichgewichtslage

$$u_0 = \frac{c_v u_v}{c_p + c_v} \tag{4.22}$$

und die Auslenkung u_1 aus der Gleichgewichtslage. Damit ergeben sich die Bewegungsgleichungen für Gleiten

$$m\ddot{u}_1 + (c_v + c_p)u_1 + F_R \operatorname{sgn} \dot{u}_1 = c_p u_p \cos \Omega_a t \quad \text{wenn} \quad |m\ddot{u}_1 + (c_v + c_p)u_1 - c_p u_p \cos \Omega_a t| > F_R, \tag{4.23}$$

und für Haften

$$\dot{u}_1 = 0 \quad \text{wenn} \quad |(c_v + c_p)u_1 - c_p u_p \cos \Omega_a t| < F_R \quad \text{und} \quad \ddot{u}_1 = 0 \tag{4.24}$$

mit trockener Reibung $F_R = \mu(\dot{u})F_N$ zwischen Bolzen und den Hülsen. Diese nichtglatte Formulierung wird Regularisierungen der Reibkennlinie vorgezogen, weil es für die Auslegung wichtig ist, Haftzustände zu erkennen. Mögliche Dämpfungskräfte sind sehr klein gegenüber der Reibung und werden deswegen vernachlässigt, d.h. in diesem Modell läuft die gesamte Dissipation über die Reibung ab. Weil der Bolzen zwischen Piezoaktor und Vorspannfeder geklemmt ist und diese Verbindungen keine Zugkräfte aufnehmen können, müssen die Ungleichungen

$$u_0 + u_1 - u_p > 0 \tag{4.25a}$$
$$u_v - u_0 - u_1 > 0 \tag{4.25b}$$
$$\tag{4.25c}$$

immer erfüllt sein. Diese Bedingungen werden im Nachhinein überprüft. In dimensionsloser Form $\Omega_0^2 = c/m$, $\tau = \Omega_0 t$, $U = u/L$, $\Phi = F_R/(cL)$, $U_a = u_p c_p/cL$, $\eta = \Omega_a/\Omega_0$ mit $c = c_p + c_v$ lautet die Bewegungsgleichung

$$U'' + U + \Phi \operatorname{sgn} U' = U_a \cos \eta\tau, \tag{4.26}$$

4.3 Erzeugen der Reibwertglättung im Trockengleitlager

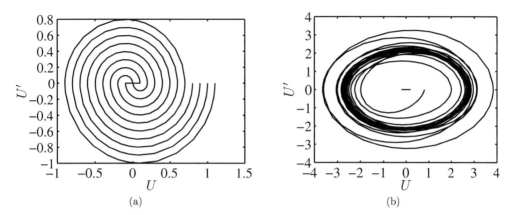

Abbildung 4.8: Phasenkurven der freien Schwingung des Einmassenschwingers für verschiedene Anfangsbedingungen (a) und Phasenkurven der mit $U_a = 1.0$ und $\Omega = 0.8$ erzwungenen Schwingung (b) für einen willkürlich gewählten Wert der Reibkraft $\mu = 0.2$ (schwache Reibung)

wobei die Wahl der charakteristischen Länge L nicht eindeutig festgelegt ist. Hier wird der Hub u_p des Piezoaktors verwendet. Zum Einstieg in dieses Modell wird der Fall schwacher Reibungskraft ($\mu \ll 1$) betrachtet. Unter dieser Annahme lassen sich freie und erzwungene Schwingungen durch asymptotische Methoden [102] nähern. Für die freie Schwingung ($U_a = 0$) liefert eine Mittelwertbildung den linear abklingenden Verlauf

$$U(\tau) = (U_0 - \frac{2\mu}{\pi}\tau)\cos(\tau + \varphi_0), \tag{4.27}$$

und für erzwungene Schwingungen folgt aus dem Verfahren der Harmonischen Balance [102] die Approximation der Reibung durch eine äquivalente, amplitudenabhängige, viskose Dämpfung

$$U'' + 2DU' + U = U_a \cos\Omega\tau \quad \text{mit} \quad D = \frac{\frac{2}{\pi} F_R}{\frac{U_a}{1-\Omega^2}\sqrt{1-\left(\frac{4\,F_R}{\pi\,U_a}\right)^2}}. \tag{4.28}$$

Abb. 4.8 zeigt das Abklingen der freien Schwingungen bei verschiedenen Anfangsbedingungen, bis die Haftgerade ($U' = 0, |U| < \mu$) erreicht wird und den Einschwingvorgang bei harmonischer Anregung.
Bei starker Reibung tauchen Haftphasen, wie in Abb. 4.9 zu sehen, auf. Mit steigender Reibung verlängern sich diese Haftphasen. Übersteigt die Reibung den kritischen Wert ($\mu > U_a$), so klingen alle erzwungenen Schwingungen ab und kommen im Intervall $|U| < U_a$ zum Stillstand.
Im Folgenden wird am Einmassenschwinger gezeigt, wie die Trägheit der Hülse einbezogen werden kann, denn die Hülsen lassen sich in der Praxis nicht vollständig in Ruhe fixieren. Deswegen muss durch die Wahl der Hülsenmasse und -lagerung garantiert werden,

4 Trockengleitlager als spiel- und reibungsarme Drehgelenke

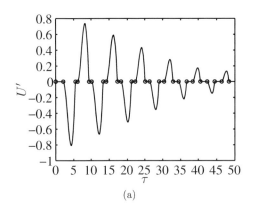
(a)

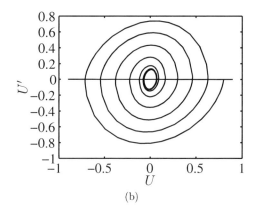
(b)

Abbildung 4.9: Geschwindigkeitsverlauf (a) und Phasenkurve (b) einer erzwungenen Schwingung ($U_a = 1.0$, $= 0.8$) des Einmassenschwingers für einen willkürlich gewählten Wert der Reibkraft $= 0.9$ (starke Reibung)

dass es zu der für die Reibwertglättung erforderlichen Relativbewegung zwischen Hülse und Bolzen kommt. Die Erweiterung des bisherigen Modells zeigt Abb. 4.7 (b). Die Bewegungsgleichungen dieses Zweimassenschwingers lauten für Gleiten

$$U + U_\Delta + U + U_\Delta + \mu\,\mathrm{sgn}U_\Delta = F(\ ), \qquad (4.29\mathrm{a})$$
$$(U + U_\Delta) + \gamma(U\quad U_\Delta)\quad \mu\,\mathrm{sgn}U_\Delta = 0 \qquad (4.29\mathrm{b})$$
$$\qquad (4.29\mathrm{c})$$

und für Haften

$$(1 +)U + (1+\gamma)U = F(\ ), \qquad (4.30\mathrm{a})$$
$$U_\Delta = U_\Delta = 0. \qquad (4.30\mathrm{b})$$
$$\qquad (4.30\mathrm{c})$$

Dabei enthält $F(\ )$ die Modellierung des Piezos. Als Variablen werden die Summen- und die Differenzgeschwindigkeit

$$U = \frac{U_B + U_H}{2} \quad \text{und} \quad U_\Delta = \frac{U_B\quad U_H}{2}. \qquad (4.31)$$

betrachtet, weil gerade der Verlauf der Differenzgeschwindigkeit für die Reibwertglättung relevant ist. Weiterhin ist die Gleichung des Bolzens wie beim Einmassenschwinger entdimensioniert worden. Die Koe zienten der Hülsengleichung entsprechen dem Massenverhältnis $= m_H/m_B$ und dem Steifigkeitsverhältnis $\gamma = c_H/c_B$. Das Umschalten zwischen den beiden Differentialgleichungssystemen geschieht durch die Ereignisse Gleiten Haften:

$$U_\Delta = 0 \quad \text{und} \quad \mu > \left| \frac{F\quad U\quad (1+\gamma)}{1+} + \gamma(U\quad U_\Delta) \right| \qquad (4.32)$$

4.3 Erzeugen der Reibwertglättung im Trockengleitlager

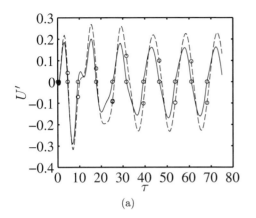
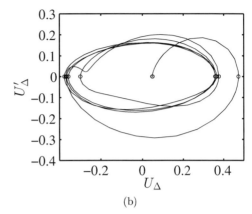

Abbildung 4.10: Erzwungene Schwingung des Modells Bolzen und Hülse als einzelne Massen: Zeitverläufe der Summen- (gestrichelt) und Differenzgeschwindigkeit (durchgezogen) (a) und Phasenkurve der Differenzgeschwindigkeit (b) für die Parameter des Konstruktionsvorschlags (= 0.02, U_a = 0.7, = 0.4)

und Haften Gleiten:

$$\mu < F \quad U \quad U_\Delta \quad \frac{F \quad U \ (1+\gamma)}{1+} . \qquad (4.33)$$

Die in Abb. 4.10 dargestellten Ergebnisse zeigen den Grenzfall, bei dem kurze Haftphasen zwischen Bolzen und Hülse entstehen. Die Tendenz zu längeren Haftphasen wird durch sinkende Hülsenmasse und ein Steifigkeitsverhältnis $\gamma \approx 1$ verstärkt. Die Haftgerade, die im Phasenportrait des Einmassenschwingers zu erkennen ist, tritt nun im Phasenportrait der Geschwindigkeitsdifferenz auf. Die Berücksichtigung der Hülse als eigener Körper anstelle eines starren Kontaktes hat großen Einuss auf die Relativgeschwindigkeit. Mit den Parametern des Konstruktionsvorschlages aus Abschnitt 4.4 reduzieren sich die Ausschläge der Relativgeschwindigkeit um 30%.

4.3.2 Mehrmassenmodell des Lagerbolzens

Die Modellierung des Bolzens als Starrkörper macht keinen Unterschied zwischen den einzelnen Kontakten mit den Hülsen. Daher bleibt die Frage offen, wie sich die Bolzenbewegung auf die einzelnen Kontakte verteilt. Intuitiv gelangt man zu dem Bild, dass der Aktor als Energiequelle fungiert und die Reibstellen als Energiesenken. An jeder Reibstelle wird dem Bolzen Energie entzogen und somit die für die Reibwertglättung notwendig Relativbewegung verringert. Das Ziel der folgenden Untersuchungen ist die Bestimmung der Geschwindigkeitsamplituden zwischen den einzelnen Hülsen und dem Bolzen. Die Bewegungsgleichung des Dehnstabs erhält man beispielsweise durch das Prinzip von Hamilton. Modelle mit verteilten Parametern, wie ein Dehnstab, führen auf partielle Differentialgleichungen. Als Diskretisierung stellt sich die grundsätzliche Frage, ob globale oder lokale

4 Trockengleitlager als spiel- und reibungsarme Drehgelenke

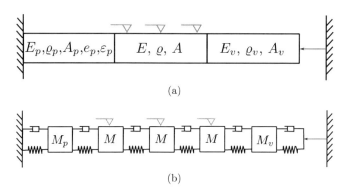

Abbildung 4.11: Dehnstab mit Reibrandbedingungen (a) und dessen Diskretisierung als Fünfmassenschwinger (b), die Reibkontakte sind als starre Wand dargestellt können aber wieder als zusätzliche Körper modelliert werden

Ansätze zu verwenden sind. Im gegebenen Problem, in dem sich Bereiche mit und ohne Reibkontakt abwechseln und entsprechende Schubspannungen an der Oberfläche auftreten, müssen die Ansatzfunktionen in der Lage sein, diese sprunghafte Änderungen in den Oberflächenspannungen abzubilden. Das ist mit lokalen Ansätzen deutlich einfacher, weshalb diese bevorzugt werden. Als Freiheitsgrade wird an jedem Kontaktbereich (Mittelpunkt) jeweils ein Knoten eingeführt, hinzu kommen noch der aktuierte Fußpunkt und die Vorspannfeder. Durch diese Modellierung gelangt man zu dem Modell des Mehrmassenschwingers aus Abb. 4.11(b). Es entspricht starren Massen mit Reibkontakten, die untereinander durch elastische Federn gekoppelt sind. Zur Bestimmung der Modellparameter (konzentrierte Massen und Steifigkeiten) werden, wie in der FEM üblich, lineare Ansatzfunktionen (Stabelemente) für jeden Abschnitt

$$N_1 = \frac{1-\xi}{2} \quad \text{und} \quad N_2 = \frac{1+\xi}{2} \tag{4.34}$$

auf dem Einheitsintervall $\xi = -1 \ldots 1$ eingeführt. Damit folgen die hinlänglich bekannten Elementmatrizen (Masse-, Steifigkeitsmatrix)

$$\mathbf{M} = \frac{\varrho A L}{6} \begin{bmatrix} 2 & 1 \\ 1 & 2 \end{bmatrix} \quad \mathbf{K} = \frac{EA}{L} \begin{bmatrix} 1 & -1 \\ -1 & 1 \end{bmatrix}. \tag{4.35}$$

Um zu dem Modell aus Abb. 4.11 zu gelangen, muss die Massenmatrix diagonalisiert (engl.: mass lumping) werden. Dazu wird das Verfahren nach Pepper und Heinrich [116] herangezogen, bei dem in der Hauptdiagonalen die Summe aller Matrixeinträge der jeweiligen Zeile stehen und alle anderen Positionen zu null werden

$$M_{ij}^L = \begin{cases} \sum_{i=1}^{N} M_{ij}, & i = j \\ 0, & i \neq j. \end{cases} \tag{4.36}$$

Damit ist die linke Seite der Matrixgleichung

$$\mathbf{M}_L \ddot{\mathbf{u}} + \mathbf{K}\mathbf{u} = \mathbf{f} \tag{4.37}$$

4.3 Erzeugen der Reibwertglättung im Trockengleitlager

aufgestellt und als nächstes folgt die Berechnung des Kraftvektors **f** auf der rechten Seite. Er beinhaltet die Anregung durch den piezoelektrischen Wandler und die Reibkräfte. Zur Modellierung des piezolektrischen Wandlers wird von einem Einfreiheitsgradmodell

$$m\ddot{x} + d\dot{x} + cx \quad Ku = f(t), \tag{4.38a}$$
$$C\dot{u} + u/R + K\dot{x} = i(t), \tag{4.38b}$$

siehe beispielsweise Preumont [124], ausgegangen. Unter der Annahme offener Elektroden ($i = 0$) und Addition der beiden Gleichungen ergibt sich

$$m\ddot{x} + (d+K)\dot{x} + cx = f(t) + (K \quad 1/R)u(t) \quad C\dot{u}(t), \tag{4.39}$$

was der Modellierung der piezoelektrischen Aktuierung als Kraft zwischen Aktor und Bolzen entspricht. Aus dem Reibgesetz folgt für die drei Knoten, welche den Reibkontakt modellieren,

$$f = \mu F_N \operatorname{sgn} \dot{u}. \tag{4.40}$$

Die so erhaltenen Parameter lassen sich einem Mehrkörpersystem zuordnen und mit kommerzieller Software [77] numerisch lösen. Die Simulation der erzwungenen Schwingungen zeigt, dass wie erwartet, an jeder Reibstelle Energie dissipiert wird und die Amplitude der Relativbewegung an der anregungsfernsten Hülse am geringsten ist. Als Bezug dient die Fußpunktbewegung mit $x = 5$ μm, die bei 20 kHz einer Geschwindigkeitsamplitude von $v = 0.62$ m/s entspricht. Wie in Abb. 4.12(a) zu sehen, sind die Geschwindigkeiten des Bolzens in der Mitte geringer als am Fußpunkt. Am Ende des Bolzens betragen die Amplituden je nach Parameterwahl nur noch einen Bruchteil derer am Fußpunkt. Demzufolge treten an den anregungsfernen Kontakten längere Haftphasen auf. Außerdem lässt sich feststellen, dass sich in Abhängigkeit der Parameterverhältnisse beim Unterschreiten einer gewissen Mindestamplitude die Kontakte zwischen Hülsen und Bolzen in einen ständigen Haftzustand übergehen. Dann gibt es keine Relativbewegung mehr und es wird auch keine Energie mehr dissipiert. Folglich bleiben die Amplituden erhalten. Ähnlich lässt sich bei der Simulation der freien Schwingung beobachten, wie die Haftgerade erreicht wird. Dann wird die Verlustleistung des entsprechenden Reibkontakts abrupt zu null. Bis zu diesem Übergang des Haftens ist bei den freien Schwingungen wie erwartet ein zeitlich linearer Abfall der Amplituden zu erkennen. Diese eindimensionale Modellierung kann durch eine weitere Unterteilung des Bolzens und der gekoppelten Dynamik des piezoelektrischen Wandlers weiter verfeinert werden, jedoch wird als nächstes direkt der Übergang zur zweidimensionalen Modellierung vollzogen, um zu untersuchen, ob eventuell Effekte durch die radiale Spannungsverteilung auftreten.

4.3.3 Axialsymmetrisches Kontinuumsmodell des Lagerbolzens

Das FEM-Modell besteht aus dem Bolzen und drei Hülsen. Zwischen den Hülsen und dem Bolzen wirkt trockene Reibung. Die Materialparameter lassen sich direkt zuordnen. Für das Übermaß wurde ein Wert von $\Delta u = 1 \mu m$ angenommen. Das Modell wurde mit der kommerziellen Software COMSOL Multiphysics [26] gelöst. Abb. 4.13 zeigt die Spannungsverteilung im Anfangszustand. Die Werte der Druckspannung liegen weit unterhalb

4 Trockengleitlager als spiel- und reibungsarme Drehgelenke

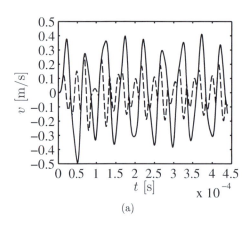
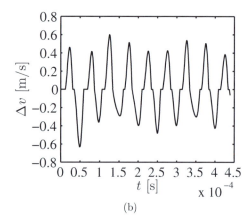

Abbildung 4.12: Geschwindigkeitsverläufe des mittleren Reibkontakts des Achtmassenschwingers (drei Hülsen und Diskretisierung des Stabes in fünf Massen): Absolutgeschwindigkeiten von Bolzen (durchgezogen) und Hülse (gestrichelt) (a) und Geschwindigkeitsdifferenz (b)

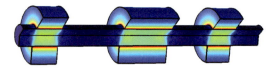

Abbildung 4.13: Axialsymmetrisches FEM-Modell des Bolzens mit drei Hülsen: Spannungsverteilung im Anfangszustand (Übermaß $\Delta u = 1\mu$m)

der Fließgrenzen beider Werkstoffe und die dazugehörigen Verformungen liegen im Bereich der Oberflächenrauigkeit.

Aus den Geschwindigkeiten des Bolzens und der mittleren Hülse in Abb. 4.14 geht hervor, dass der Kontakt im Gegensatz zu den vorherigen Modellen nur in eine Richtung gleitet. Das lässt sich auf die geänderten Randbedingungen zurückführen. Im Gegensatz zu den vorherigen Modellen sind im FEM-Modell die Hülsen nicht elastisch gelagert, sondern frei beweglich. An dieser Stelle bestehen noch Anknüpfungspunkte für weitere Untersuchungen, um die unterschiedlichen Modelle weiter zum Abgleich zu bringen. Neben der Betrachtung von Effekten in radialer Richtung ist ein weiteres Ziel die Einbeziehung der Kontinuumsdynamik. Ein Aspekt für weiterführende Untersuchungen besteht darin, herauszufinden welchen Einfluss die elastischen Moden des Bolzens auf die Reibwertglättung haben. So stellt sich die Frage, ob einige Moden besonders gut geeignet sind, weil sie zu hohen Amplituden in den Kontaktstellen führen. Aus den durchgeführten FEM-Rechnungen wird zunächst nur geschlussfolgert, dass es bei den gewählten Parametern, nämlich de-

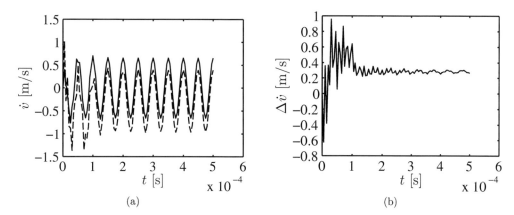

Abbildung 4.14: Ergebnisse der FEM-Simulation: Geschwindigkeitskomponente v zweier Kontaktpunkte auf dem Bolzen (durchgezogen) und auf der Hülse (gestrichelt) an der Stelle $z = 20$ mm, der Mitte der mittleren Hülse, bei harmonischer Anregung des Bolzenfußpunkts (a) und deren Differenz (b)

nen des im nächsten Abschnitt vorgeschlagenen Konstruktionsvorschlages, zu der für die Reibwertglättung notwendigen Relativbewegung kommt.

Weiterhin erhebt sich die Frage, ob Nutzen und Aufwand der FEM-Simulationen in einem angemessenen Verhältnis stehen. Obwohl die Hülsen schon vereinfacht wurden, ist die dynamische Analyse des zweidimensionalen Modells sehr rechenaufwändig. Die Rechenzeit ist um die Größenordnung 10^3 länger als die des Mehrmassenschwingers. Die Analyse des vollen Modells (3D) würde ein Cluster voraussetzen. Dieser Aufwand bringt aber nur einen kleinen Mehrwert für die Auslegung und wurde an dieser Stelle vermieden.

4.4 Konstruktionsvorschlag eines Trockengleitlagers mit Reibwertglättung

Nachdem durch Simulationen der theoretische Funktionsnachweis des Trockengleitlagers erbracht wurde, ist als nächstes ein konkreter Konstruktionsvorschlag abzuleiten. Schließlich ist es das Ziel, einen Demonstrator zu bauen und damit experimentell nachzuweisen, dass bei der Bewegung des Drehgelenks kein Ruckgleiten mehr auftritt. Neben den neuen Auslegungsrechnungen zur Reibwertglättung sind noch weitere tribologische Rechnungen zu Erwärmung und Verschleiß durchzuführen. Der Festigkeitsnachweis erfolgt später im Zusammenhang mit dem Einsatz in der Verfahreinheit in Abschnitt 6.2.3.

4 Trockengleitlager als spiel- und reibungsarme Drehgelenke

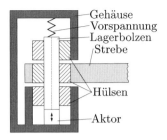

Abbildung 4.15: Prinzipieller Entwurf eines Trockengleitlagers mit Reibwertglättung unter Ausnutzung des Transversaleffekts

4.4.1 Grundlegende Annahmen und Festlegungen des Entwurfs

Es soll ein reines Radiallager entwickelt werden, da die axiale Lagerung nicht Aufgabe des Trockengleitlagers ist, sondern bei Bedarf durch ein konventionelles Präzisionswälzlager erfolgen soll.

Für den reibungsfreien Betrieb des Radiallagers soll der Lagerbolzen in axialer Richtung in Bewegung versetzt werden. Um das zu erreichen, muss die Anregung im Lager untergebracht und die Hülsen so angeordnet werden, dass der Bolzen axial geführt und radial fixiert ist. Zum besseren Verständnis ist eine mögliche Umsetzung in Abb. 4.15 skizziert. Für die Anregung ist unter dem Bolzen Platz für einen piezokeramischen Stapelaktor vorgesehen. Die für den Betrieb des Aktors notwendige Vorspannung wird durch eine Schraube oberhalb des Bolzens erzeugt. Die mittlere Hülse ist mit der Strebe verbunden und dreht sich um den Lagerbolzen, während die obere und die untere Hülse mit dem Gehäuse verbunden sind und sich nicht drehen. Weitere Gestaltungsziele sind, den Aufbau modular zu gestalten und Verschleißteile, wie Bolzen und Hülsen, schnell austauschen zu können. Der Piezoaktor muss frei von Schub und Biegung gehalten werden. Aufgrund seiner hohen elektrischen Betriebsspannung ist er gut zu isolieren. Alles muss in einem möglichst kleinen und steifen Gehäuse untergebracht sein. Aufgrund der trockenen Reibung sollte eine abrasionsbeständige gut gleitende Materialpaarung gewählt werden, beispielsweise Teflon-Stahl [28]. Als Materialien werden für den Lagerbolzen oberflächengehärteter Stahl, der als Passstift mit einem minimalen Durchmesser von 3 mm erhältlich ist, und für die Hülse Hochleistungskunststoffe der ZEDEX Familie (ZX530EL3) favorisiert. Als Passung wird eine Übergangspassung gewählt. Für das Gehäuse wird auf Aluminium zurückgegriffen. Als piezoelektrischer Stapelaktor erscheint die PICA-Reihe der Firma Physikinstrumente (PI) geeignet, weil diese Aktoren sowohl hohe Kräfte als auch große Auslenkungen erzeugen. Darüber hinaus sind sie in kleinen Abmessungen erhältlich.

Nachdem der prinzipielle Aufbau festgelegt worden ist, geht es nun um die Bestimmung konkreter Werte für die Abmessungen der einzelnen Teile. Neben der Erfüllung der Reibwertglättung sind die üblichen tribologischen Auslegungsrechnungen zu Verschleiß und Erwärmung durchzuführen. Die simulationsrelevanten Zahlenwerte der ersten Lagerkonstruktion aus Abb. 4.16 sind in Tab. 4.1 zusammengestellt.

4.4 Konstruktionsvorschlag eines Trockengleitlagers mit Reibwertglättung

Parameter	Wert	Quelle
Resonanzfrequenz (Bolzen)	$f_{B1} = 172\,\text{kHz}$	Dehnstab frei-frei [156]
Resonanzfrequenz (Aktor)	$f_{P1} = 126\,\text{kHz}$	PICA-007 (PIC151) [120]
Reibwert (Haften)	$\mu_s = 0.09$	Te on-Stahl [18]
Reibwert (Gleiten)	$\mu_g = 0.06$	Te on-Stahl [18]
Übermaß	$\Delta u = 0 \ldots 8\,\mu\text{m}$	Passung m6-H4 [57]
Kontaktdruck	$p_N = 0 \ldots 1.2\,\text{MPa}$	nach Kollmann [87]

Tabelle 4.1: Zahlenwerte für die Auslegung

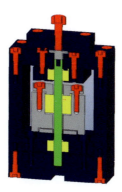

Abbildung 4.16: Konstruktionsvorschlag eines Gleitlagers: Lagerbolzen (grün), Hülsen (gelb), unter dem Bolzen befindet sich Platz für den Stapelaktor. Die Schraube ganz oben dient zum Vorspannen des Bolzens bzw. des Stapelaktors.

4.4.2 Erzeugen der Reibwertglättung

Voraussetzung für die Berechnung der Reibkraft ist die Kenntnis des Normaldrucks zwischen Bolzen und Hülse. Der Normaldruck eines solchen Pressverbandes berechnet sich nach Kollmann [87] zu

$$p_N = \frac{\Delta u E^*}{2d} \quad \text{mit} \quad E^* = \frac{2}{\frac{1}{E_A}\frac{1+Q_A^2}{1-Q_A^2} + A + \frac{1}{E_I}\frac{1+Q_I^2}{1-Q_I^2} \quad I}. \tag{4.41}$$

Dabei stehen Δu für das Übermaß, $Q_I = d_a/d_i$ für das Verhältnis Außen- zu Innendurchmesser des Lagerbolzens, $Q_A = D_a/D_i$ für das Verhältnis Außen- zu Innendurchmesser der Hülse.

4 Trockengleitlager als spiel- und reibungsarme Drehgelenke

Bezeichnung	Variable	Wert	Annahme
Nominale Verschleißrate	S_n	0.1 $\frac{\mu m}{km}$	Oberflächenrauigkeit $R_z = 20\mu m$
Einfluss Flächenpressung	k_p	1.5	Flächenpressung $p_N = 1.25$ MPa
Einfluss Temperatur	k_ϑ	2.0	Gleitflächentemperatur $\vartheta = 40°C$
Einfluss Schmierung	k_{schm}	1.0	Trockenlauf

Tabelle 4.2: Korrekturfaktoren zur Berechnung der Verschleißrate und die dazugehörigen Annahmen

Die statische Rechnung

$$\frac{EA}{l_{frei}} u_{piezo} > 2 \mu_s p_N d_H l_H, \tag{4.42a}$$

$$\frac{210\text{GPa} \cdot \pi \cdot (1.5\text{mm})^2}{20\text{mm}} 0.5\mu m > \pi \cdot 0.09 \cdot 1.2\text{MPa} \cdot 3\text{mm} \cdot 4\text{mm}, \tag{4.42b}$$

$$37\text{N} > 4.1\text{N} \tag{4.42c}$$

zeigt, dass der Piezo in der Lage ist, Haften zu lösen. Dazu wird der Bereich des Bolzens zwischen Aktor und Kontaktstelle als elastisch angenommen. Die Kontaktstelle von Interesse ist diejenige zwischen Bolzen und der mittleren Hülse, weil diese Hülse die Drehbewegung vollführt. Für die Rechnung wurde die konservative Annahme getroffen, dass der Aktor nur ein Zehntel seines vollen Hubs erzeugt.

Um für die gewählte Materialpaarung ($\mu_s = 0.09$, $\mu_m = 0.06$) die fallende Kennlinie zu beseitigen, ist nach Gln. (4.21a)-(4.21b) ein Verhältnis von $v/v_m = 0.5$ notwendig. Der Parameter v_m, die Geschwindigkeit bei welcher der minimale Reibwert auftritt, ist eine ungewisse Größe. Es existieren dazu nur wenige Quellen. Aus [3] wurde der Wert von $v_m = 0.2$ m/s entnommen. Damit folgt, dass bei einer Wegamplitude von 5 μm eine Frequenz von mindestens 17 kHz notwendig ist.

Für die erzwungenen Schwingungen wird so verfahren, wie im Abschnitt 4.3.1 erläutert. Die erste Längseigenfrequenz des Lagerbolzens bei frei-freier Lagerung (siehe Tab. 4.1) liegt weit oberhalb der geplanten Anregungsfrequenzen (20-50kHz). Diese Konstellation erlaubt die Näherung als Einmassenschwinger [39]. Die Diagramme in den Abbildungen 4.10 und 4.12 bestätigen, dass es zu einer ausreichenden Relativbewegung zwischen Bolzen und Hülsen kommt, um Reibwertglättung zu erreichen.

4.4.3 Tribologische Beanspruchung

Bei den Berechnungen zu Verschleiß und Erwärmung handelt es sich um Standardaufgaben, die in der Dokumentation zu den Gleitlagerbuchsen der Firma Wolf [160] beschrieben sind. An dieser Stelle erfolgt nur die zahlenmäßige Auswertung der Gleichungen.

Verschleiß

Für den Verschleiß wird auf das bewährte Achard-Modell [90] zurückgegriffen, das einen linearen Zusammenhang zwischen Verschleißvolumen und dem Produkt aus Normalkraft

4.4 Konstruktionsvorschlag eines Trockengleitlagers mit Reibwertglättung

mal Verschleißweg formuliert. Die Verschleißintensität k und weitere Korrekturfaktoren werden den Auslegungsunterlagen der Firma Wolf [160] entnommen und sind in Tab. 4.2 aufgeführt. Die Verschleißrate berechnet sich nach der Formel

$$S_G = S_n \frac{k_p k}{k_{schm}}. \tag{4.43}$$

Dabei ist anzumerken, dass dieser Zusammenhang für große Bewegungen zwischen den Kontaktpartnern, im Fall von Gleitlagern typischerweise für viele Umdrehungen in eine Richtung, gilt. Die Übertragung der so berechneten Verschleißraten auf hochfrequente Relativbewegungen kleiner Wegamplituden stellt eine Schätzung dar, die weitere experimentelle Untermauerung verlangt.

Der Verschleißweg teilt sich in die hochfrequente, axiale Bolzenschwingung und die tangentiale Sollbewegung auf. Der durch die Bolzenschwingung pro Periode zurückgelegte Weg berechnet sich nach

$$s_{hf} = \int_0^T |x \cos t|\, \mathrm{d}t = 4x. \tag{4.44}$$

Bei einer Frequenz von 20 kHz und einer Amplitude von 5 μm werden somit pro Sekunde 0.4 m Verschleißweg zurückgelegt. Der bei einer 360-Drehung zurückgelegte Weg berechnet sich nach

$$s_{360°} = \pi d_B. \tag{4.45}$$

Bei einem Bolzendurchmesser von $d_B = 3$ mm sind das 9.42 mm pro Umdrehung. Der Verschleißweg für einen Mikrometer Abtrag beträgt bei der gewählten Materialpaarung und den angenommenen Umgebungsbedingungen $s_V = 1/S_G = 3.3$ km/μm. Dieser Weg wird nach 2 Stunden und 18 Minuten Betrieb der hochfrequenten Schwingungen (ohne Sollbewegung) oder nach $354 \cdot 10^3$ Umdrehungen (Sollbewegung ohne Reibwertglättung) erreicht. Das entspricht einer Einsatzdauer von 98 h beim Betrieb mit einer Umdrehung pro Sekunde. Aus diesen Schätzungen folgt, dass die Reibwertglättung den größeren Teil des Verschleißes verursacht. Sie sollte deswegen nur dann eingeschaltet werden, wenn sie gebraucht wird.

Thermische Beanspruchung

Die wichtigste Kenngröße zur Charakterisierung tribologischer Kontakte, insbesondere Gleitlager, ist der pv-Wert. Er ist ein Maß für die Druckfestigkeit und die Reibleistung. Über diesen Wert wird der zulässige Betriebsbereich eines Gleitlagers definiert. Der pv-Wert wird vom Hersteller meistens in Form von Kennlinien angegeben und über Korrekturfaktoren an das entsprechende Lager angepasst. Die Zahlenwerte für den Einsatz bei der Bolzen-Hülse Paarung sind in Tab. 4.4 gegeben. Der zulässige pv-Wert berechnet sich nach

$$pv_{zul} = pv_{zul,nom} k_{schm} k\ k_{bd} k_d k_{sp} = 3.0 \text{ MPa} \frac{\text{m}}{\text{min}}. \tag{4.46}$$

4 Trockengleitlager als spiel- und reibungsarme Drehgelenke

Bezeichnung	Variable	Wert	Annahme
Gleitflächentemperatur nominell	ϑ_{GFN}	120 °C	Gleitgeschwindigkeit $v_{gleit} = 24$ m/min
Gleitflächentemperatur zulässig	$\vartheta_{GF,max}$	240 °C	
Gehäusetemperatur zulässig	$\vartheta_{G,zul}$	85 °C	
Umgebungstemperatur	ϑ_{amb}	20 °C	
Reibleistung	$kpv = pv_{zul}/pv_{ED}$	1.01	zuvor berechnet siehe Gln. (4.46), (4.47)

Tabelle 4.3: Faktoren zur Erwärmungsberechnung

Bezeichnung	Variable	Wert	Annahme
Nominalwert	$pv_{zul,nom}$	50 MPa$\frac{m}{min}$	Gleitgeschwindigkeit $v_{gleit} = 24$ m/min
Einfluss Schmierung	k_{schm}	1.0	Trockenlauf
Einfluss Temperatur	k_ϑ	1.0	Umgebungstemperatur $\vartheta = 20$ °C
Einfluss Geometrie	k_{bd}	0.5	Lagerbreite/Wellendurchmesser $b/d = 4/3$
Einfluss Geometrie	k_d	1.2	Wellendurchmesser $d = 3$ mm
Einfluss Spiel	k_{sp}	0.1	Negatives Spiel $d = 3$ mm

Tabelle 4.4: Korrekturfaktoren zur Berechnung des zulässigen pv-Werts und die dazugehörigen Annahmen

Dieser zulässige Wert wird mit dem auftretenden pv-Wert verglichen. Er berechnet sich aus mittlerem Druck und mittlerer Gleitgeschwindigkeit und wird durch das Einschaltdauerverhältnis $f_{ED} = t_{ein}/(t_{ein} + t_{aus})$ reduziert.

$$pv_{ED} = 2f_{ED}\bar{p}f_{ED}^2\bar{v}_{gleit} = 2.96 \text{ MPa}\frac{m}{min}. \quad (4.47)$$

Neben der allgemeinen Betrachtung der Reibleistung in Form des pv-Wertes, der zur Lagererwärmung führt, spielen zwei weitere Aspekte der Temperaturverteilung eine Rolle. Erstens kommt es zu einer unzulässig starken Erwärmung des ganzen Lagergehäuses und zweitens kommt es räumlich und zeitlich begrenzt zu unzulässig starken Erwärmungen, der sog. Blitztemperatur. Ausgangspunkt dafür ist die Wärmeleitungsgleichung

$$\frac{\partial \vartheta}{\partial t} = a\Delta\vartheta + \frac{a}{\lambda}W \quad (4.48)$$

für Lager und Hülse, in die als Wärmequelle am Rand die Reibleistung $W = F_R \mu_G v_{gleit}$ eingeht. Weil die Lösung unter Beachtung aller Randbedingungen und Wärmeübergänge sehr aufwändig ist, wird auf die bewährten Überschlagsrechnungen des Herstellers [160] zurückgegriffen. Die Temperatur der Gleitflächen berechnet sich nach

$$\vartheta_{GF} = \frac{\vartheta_{GFN}}{kpv} + \vartheta_{amb} - 20 \text{ °C}. \quad (4.49)$$

4.4 Konstruktionsvorschlag eines Trockengleitlagers mit Reibwertglättung

Die Faktoren zur Berechnung sind in Tab. 4.3 benannt und beziffert. Die Gleitflächentemperatur $\vartheta_{GF} = 118$ °C liegt unter dem zulässigen Wert. Die Lagertemperatur wird auf den Mittelwert zwischen Gleitflächentemperatur und Umgebungstemperatur

$$\vartheta_L = \frac{\vartheta_{GF} + \vartheta_{amb}}{2} \tag{4.50}$$

geschätzt. Analog wird noch einmal gemittelt, um den Schätzwert der Gehäusetemperatur

$$\vartheta_G = \frac{\vartheta_L + \vartheta_{amb}}{2} = 44 \text{ °C} \tag{4.51}$$

zu erhalten. Dieser Wert ist ebenfalls kleiner als der zulässige Wert.

Der Konstruktionsvorschlag kann somit unter tribologischen Gesichtspunkten als tragfähig betrachtet werden.

5 Regelungstechnische Integration der neuartigen Drehgelenke

Die Verfahreinheit soll im Einsatz vorgegebenen Trajektorien mit möglichst geringen räumlichen Abweichungen und zeitlichen Verzögerungen folgen. Diese Regelungsaufgabe tritt bei allen Werkzeugmaschinen und Robotern auf. Bekannte Lösungen werden im nächsten Unterkapitel wiedergegeben, wo der Stand der Technik beschrieben ist. Dabei handelt es sich um eine Standardaufgabe der Mehrkörperdynamik. Deswegen wird zunächst von einem idealen Mehrkörpermodell ausgegangen. Zur Bestimmung der dynamischen Belastungen im Betrieb und zur Regelung der Vorschubeinheit werden die direkte und inverse Dynamik des idealen Mehrkörpersystems analysiert. Darauf aufbauend werden die Besonderheiten der neuartigen Drehgelenke eingearbeitet.

Die Festkörpergelenke weichen kinematisch von einem Drehgelenk ab. Wie in Kap. 3 beobachtet, wandert der Momentanpol während der Bewegung. Außerdem treten Rückstellkräfte auf, die durch eine lineare Feder genähert, aber nicht exakt wiedergegeben werden. Die Trockengleitlager sind kinematisch ideal. Dafür liegt die Ungewissheit in den Reibparametern. Die Reibwertglättung verhindert zwar die fallende Kennlinie, allerdings wird der Reibwert nicht bis auf null reduziert. Der tatsächlich wirkende Reibwert, der für die Dynamik eine große Rolle spielt, bleibt innerhalb bestimmter Grenzen ungewiss.

5.1 Stand der Technik in der Positionsregelung

In konventionellen Werkzeugmaschinen spielen mehrere Achsen zusammen. Sie werden von der zentralen Steuerung mit Positionssollwerten versorgt [158]. Jede Achse folgt den vorgegebenen Sollwerten mit einer eigenen Lageregelung. Dabei handelt es sich um klassische, rückgekoppelte Regelkreise. Basierend auf der Differenz aus Soll- und Istwert wird das Stellsignal vom Regler berechnet. Die Ziele der Reglerauslegung sind eine hohe Dynamik und ein geringer Schleppfehler (Differenz zwischen Positionssoll- und -istwert). Als Kriterium werden definierte Konturen festgelegt. Die klassischen Regler basieren auf linearisierten Modellen, wobei aber auch nichtlineare Modelle und nichtlineare Regler geeignet erscheinen. Durch dieses dezentrale Regelungskonzept sind die Achsen modular kombinierbar. Die damit aufgebauten Maschinen weisen eine hohe Flexibilität gegenüber Umkonfigurationen auf.

In der Robotik wird oft das Prinzip der Vorsteuerung [61] umgesetzt. Für die gegebene Solltrajektorie des Endeffektors werden mittels inverser Dynamik die notwendigen Antriebskräfte im Voraus (offline) berechnet. Die entsprechenden Stellsignale werden an die Aktoren gesendet, und auftretende Abweichungen von der Solltrajektorie werden zu null geregelt (online). Dieses Regelungskonzept setzt voraus, dass dem Regler alle Stellglieder bekannt sind. Durch diesen zentralen Regelungsansatz lässt sich die beste Leistungsfähigkeit eines konkreten Maschinenaufbaus erreichen. Er wird für die geplante Verfahreinheit favorisiert, weil die Abwesenheit des Schleppfehlers eine höhere Präzision verspricht. Darüber hinaus unterstützt er prinzipbedingt die Aufspaltung in Grob- und Feinpositionierung. Die in beiden Konzepten angewandten Methoden der Mehrkörperdynamik zur Trajektorienplanung, geometrischen Beschreibung und Herleitung der Bewegungsgleichungen von Starrkörpersystemen sind Gegenstand von Lehrbüchern, z.B. [138, 159].

5.2 Vorsteuerungskonzept für die Positionsregelung

Das Ziel der Regelung besteht darin, den Endeffektor entlang einer vorgegebenen Trajektorie, die im Folgenden als Nominaltrajektorie bezeichnet wird, zu bewegen. Die Umsetzung erfolgt beim Konzept der Vorsteuerung in zwei Schritten. Im Voraus werden die nominalen Stellkräfte berechnet, die zum Erreichen der Nominaltrajektorie führen. Im Betrieb werden Abweichungen mittels eines rückgekoppelten Regelkreises zu null geregelt. Entsprechend werden die Gelenkkoordinaten und -kräfte in Nominalwerte und Abweichungen

$$\mathbf{f} = \mathbf{f}_n + \mathbf{f}_d \qquad \text{und} \qquad \mathbf{q} = \mathbf{q}_n + \mathbf{q}_d \tag{5.1}$$

aufgeteilt. Die Trajektorie ist gewöhnlich an diskreten Stützstellen gegeben und wird als interpolierte Kurve in einem raumfesten Koordinatensystem beschrieben. Diese Verläufe in raumfesten Koordinaten werden durch die inverse Kinematik in die entsprechenden Gelenkkoordinaten umgerechnet. Diese Koordinaten sind vorteilhaft für das Aufstellen der Bewegungsgleichungen. Weil für die Regelung nur die Antriebskräfte relevant sind, bieten sich die Lagrangeschen Gleichungen 2.Art an

$$\frac{d}{dt}\frac{\partial(T-V)}{\partial \mathbf{q}} + \frac{\partial V}{\partial \mathbf{q}} = \mathbf{f} \qquad \mathbf{M}\ddot{\mathbf{q}} + \mathbf{h}(\mathbf{q},\dot{\mathbf{q}}) = \mathbf{f}. \tag{5.2}$$

Dabei sind T die kinetische und V die potentielle Energie. Aus dem Einsetzen der Nominaltrajektorie $\mathbf{q}_n(t)$, dieser Vektor steht für die nominellen zeitlichen Verläufe aller Gelenkkoordinaten, folgen sofort die dazugehörigen nominellen verallgemeinerten Kräfte $\mathbf{f}_n(t)$. Wenn diese verallgemeinerten Kräfte nicht identisch mit den Antriebskräften sind, müssen diese analog zur inversen Kinematik konvertiert werden. Damit ist der erste Schritt der Vorsteuerung abgeschlossen.

Als nächstes wird ein Streckenmodell aufgestellt, um Abweichungen von der Nominaltrajektorie zu null zu regeln. Aus der Linearisierung der linken Seite von Gl. (5.2) um die Nominaltrajektorie $\mathbf{q}_n(t)$

$$\mathbf{D} = \frac{\partial \mathbf{h}}{\partial \dot{\mathbf{q}}}, \qquad \mathbf{K} = \frac{\partial \mathbf{h}}{\partial \mathbf{q}} \tag{5.3}$$

folgt ein lineares System gewöhnlicher Differentialgleichungen mit variablen Koeffizienten

$$\mathbf{M}(t)\ddot{\mathbf{q}}_d + \mathbf{D}(t)\dot{\mathbf{q}}_d + \mathbf{K}(t)\mathbf{q}_d = \mathbf{f}_d(t). \tag{5.4}$$

Auf Basis dieser Bewegungsgleichung wird der Regler ausgelegt, der die zusätzlichen Antriebskräfte $\mathbf{f}_d(t)$ so regelt, dass die Abweichungen $\mathbf{q}_d$ verschwinden. Der einfachste Ansatz besteht in der Festlegung eines Arbeitspunktes oder in der Parametrisierung des Arbeitsgebietes in mehrere Punkte und Reglerfusion entsprechend des Gain-Scheduling Konzepts [1].

5.3 Kinematik und Kinetik des parallelkinematischen Beispielmechanismus

Im Folgenden werden die Ausführungen auf den in der Verfahreinheit vorgesehenen Biglide-Mechanismus [143] konkretisiert. Bei diesem Mechanismus handelt es sich um eine Prismatic-Revolute-Revolute-Revolute-Prismatic (PRRRP) Struktur [150]. Er setzt die Bewegung zweier Linearachsen in eine ebene Bewegung (x,y) um. Neben den Antrieben sind Drehfedern und -dämpfer in den Gelenken vorgesehen, um später die Steifigkeit der Festkörpergelenke bzw. die Gelenkreibung einzubeziehen. Bei dem vorgegebenen Biglide-Mechanismus handelt es sich nicht nur um eine geschlossene kinematische Kette, sondern auch um ein überbestimmtes System [166]. Das Ziel der kinematischen Betrachtung ist es, den Zusammenhang zwischen Antriebs- und Endeffektorkoordinaten aufzustellen. Aus der darauf aufbauenden kinetischen Analyse folgen die Antriebs- und Zwangskräfte der geforderten Nominaltrajektorien. Sie werden später bei der Auslegung der Antriebe und Führungen Verwendung finden.

5.3.1 Kinematik des Biglide-Mechanismus

Die Kinematik lässt sich durch elementare geometrische Betrachtungen erfassen. Sie erlaubt außerdem die vollständige Beschreibung des Systems entweder durch Antriebs- oder Endeffektorkoordinaten. Die direkte Kinematik beschreibt, wie Antriebs- in Endeffektorkoordinaten übersetzt werden. Die inverse Kinematik betrachtet die umgekehrte Fragestellung. Dabei ist zu beachten, dass die inverse Kinematik nicht eindeutig sein muss. Weiterhin lässt sich über die Kinematik der Einfluss geometrischer Fehler untersuchen.

Die Variablen werden in Abb. 5.1(a) eingeführt. Der Endeffektor befindet sich in der Mitte des Tisches (Punkt S). Die Antriebspositionen sind beschrieben durch die Punkte L und R. Die Vektoren $\mathbf{r}_S$, $\mathbf{r}_L$, $\mathbf{r}_R$ zeigen vom Ursprung zu den jeweiligen Punkten. Um die geometrischen Grundzusammenhänge deutlich zu machen, werden Antriebe (Schlitten) und Endeffektor (Tisch) auf Punkte reduziert und das Koordinatensystem, wie in Abb. 5.2(b) dargestellt, transformiert

$$x_L^* = x_L + \frac{b_C + b_S}{2} \quad , \quad x_R^* = x_R - \frac{b_C + b_S}{2}, \tag{5.5a}$$

$$y_L^* = y_L \quad , \quad y_R^* = y_R. \tag{5.5b}$$

Aus Abb. 5.2(a) ist ersichtlich, dass die direkte Kinematik dem Schnittpunkt zweier Kreise entspricht. Die Endeffektorposition lässt sich bestimmen, indem man im Mittelpunkt der Linie Antrieb-Antrieb die Normale errichtet. Auf dieser Normalen liegt der Endeffektor. Seine Position ist zweideutig bestimmt

$$\mathbf{r}_S = \mathbf{r}_L + \mathbf{r}_m \pm \mathbf{r}_n. \tag{5.6}$$

5 Regelungstechnische Integration der neuartigen Drehgelenke

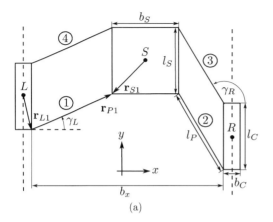
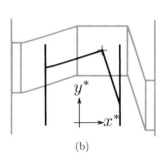

Abbildung 5.1: Geometrie des Biglide: Variablen, Nummerierung, Hilfsvektoren (a) und Koordinatentransformation (b)

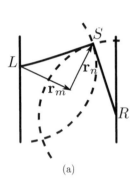
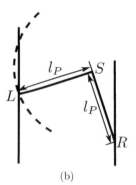

Abbildung 5.2: Direkte (a) und inverse Kinematik (b)

Der Vektor vom linken Schlitten zum Mittelpunkt der Verbindungslinie ist durch

$$\mathbf{r}_m = \frac{1}{2} \begin{bmatrix} x_R^* & x_L^* \\ y_R^* & y_L^* \\ 0 \end{bmatrix} \tag{5.7}$$

gegeben. Zur Bestimmung des Vektors vom Mittelpunkt der Verbindungslinie zum Schnittpunkt

$$\mathbf{r}_n = \frac{\mathbf{r}_N}{|\mathbf{r}_N|} \sqrt{l_P^2 - |\mathbf{r}_m|^2} \quad \text{mit} \quad \mathbf{r}_N = \begin{bmatrix} y_L^* & y_R^* \\ x_R^* & x_L^* \\ 0 \end{bmatrix} \tag{5.8}$$

wird die Tatsache ausgenutzt, dass der Abstand zwischen Schlitten und Endeffektor gleich der Strebenlänge l_P ist. Diese Lösungen existieren nur solange die Bedingung

$$(x_L^* - x_R^*)^2 + (y_L^* - y_R^*)^2 < 4 l_P^2 \tag{5.9}$$

5.3 Kinematik und Kinetik des parallelkinematischen Beispielmechanismus

erfüllt ist. Die richtige der beiden Lösungen muss aus der Kontinuität der Bewegung bestimmt werden (vorheriger Zustand).
Die inverse Kinematik entspricht dem Schnittpunkt zweier Linien mit einem Kreis, siehe Fig. 5.2(b)

$$y_L^* = y_S \pm \Delta y_L^* \quad \text{mit} \quad \Delta y_L^* = \sqrt{l_P^2 - (x_S - x_L^*)^2}, \quad (5.10\text{a})$$

$$y_R^* = y_S \pm \Delta y_R^* \quad \text{mit} \quad \Delta y_R^* = \sqrt{l_P^2 - (x_S - x_R^*)^2}. \quad (5.10\text{b})$$

Wieder muss die korrekte Lösung aufgrund der Kontinuität ausgewählt werden. Der Arbeitsbereich ähnelt einem Rechteck. Er wird durch zwei zu den Linearachsen parallele Geraden

$$x_R^* - l_P \le x_S \le x_L^* + l_P \quad (5.11)$$

begrenzt, solange sich der Endeffektor zwischen den Anschlägen befindet

$$y_{L,min}^* \le y_S \le y_{L,max}^* \quad \wedge \quad y_{R,min}^* \le y_S \le y_{R,max}^*. \quad (5.12)$$

Überschreitet der Endeffektor die Verbindungslinie zwischen den Anschlägen, so wird der Arbeitsbereich nach oben und unten durch die Kreisbögen

$$(x_S - x_L^*)^2 + (y_S - y_L^*)^2 < l_P^2 \quad \wedge \quad (x_S - x_R^*)^2 + (y_S - y_R^*)^2 < l_P^2 \quad (5.13)$$

abgeschlossen. Aus den Positionen von Endeffektor und Antrieben folgen sofort die Winkel zwischen den Streben und den Verfahrachsen. Sie sind durch die Ausdrücke

$$\gamma_L = \arctan \frac{y_S - y_L^*}{x_S - x_L^*}, \quad (5.14\text{a})$$

$$\gamma_R = \arctan \frac{y_S - y_R^*}{x_S - x_R^*} \quad (5.14\text{b})$$

eindeutig im Intervall ... bestimmt. Diese geometrischen Zusammenhänge reichen aus, um das bedeutsame Verhältnis von Bau- zu Arbeitsraum in Abhängigkeit der geometrischen Gestaltungsparameter zu ermitteln. Zur Beschreibung wird von der im Folgenden als Nullstellung bezeichneten, symmetrischen Stellung ausgegangen, bei welcher sich der Tisch in der Mitte befindet. Als Parameter werden der Winkel der Nullstellung γ_0 und die maximal zulässigen Winkelbewegungen $\Delta\gamma$ aus dieser Nullstellung heraus verwendet. Diese Beschreibung bietet sich an, weil Festkörpergelenke nur begrenzte Drehwinkel ($|\Delta\gamma| \approx 10°$) ertragen. Der maximale Arbeitsbereich wird für $\Delta\gamma = \gamma_0$ erreicht. Zusätzlich wird noch die analoge Betrachtung für die Strebenlänge durchgeführt, weil lange Streben zu Problemen bei der Tragfähigkeit führen können. Abb. 5.3 zeigt, wie sich diese Verhältnisse von Bau- zu Arbeitsraum (Breite) und Strebenlänge zu Arbeitsraum mit steigenden Drehwinkeln verbessern. Dabei ist festzustellen, dass ab einem Winkelausschlag von $|\Delta\gamma| = \gamma_0/2$ nur noch geringfügige Verbesserungen erreicht werden. Tab. 5.1 enthält ausgewählte Zahlenwerte dieser Verhältnisse und zwar für den maximalen Drehwinkel, der mit Festkörpergelenken erreicht werden kann, und zusätzlich für den Drehwinkel, bei dem der maximale kinematische Arbeitsraum (singuläre Stellungen) erreicht wird. Durch die inverse Kinematik sind die

5 Regelungstechnische Integration der neuartigen Drehgelenke

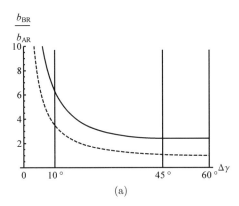
(a)

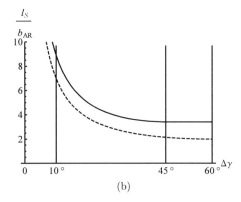
(b)

Abbildung 5.3: Abhängigkeit des Bauraums (a) und der Strebenlänge (b) von der maximal zulässigen Winkeldifferenz $\Delta\gamma$ für zwei verschiedene Nullstellungswinkel: durchgezogene Linie $\gamma_0 = 45$, gestrichelte $\gamma_0 = 60$

	$\gamma_0 = 45$		$\gamma_0 = 60$	
	$\frac{b_{BR}}{b_{AR}}$	$\frac{l_S}{b_{AR}}$	$\frac{b_{BR}}{b_{AR}}$	$\frac{l_S}{b_{AR}}$
$|\Delta\gamma| = 10$	6.3	8.9	3.5	7.1
$|\Delta\gamma| = \gamma_0$	2.4	3.4	1.0	2.0

Tabelle 5.1: Bauraum zu Arbeitsraum, Strebenlänge zu Arbeitsraum (ohne Endeffektor)

Antriebspositionen als Funktionen der Endeffektorposition bekannt. Weil die Endeffektorposition als Zeitverlauf vorgegeben wird, folgen Geschwindigkeiten und Beschleunigungen direkt durch Differentiation nach der Zeit. Mit Hilfe der Jacobi Matrix $\mathbf{J}$ $x_S(t), y_S(t)$ lassen sich Antriebs- und Endeffektorgeschwindigkeiten ineinander umrechnen

$$\begin{matrix} \dot{y}_L \\ \dot{y}_R \end{matrix} = \begin{matrix} \frac{\partial y_L}{\partial x_S} & \frac{\partial y_L}{\partial y_S} \\ \frac{\partial y_R}{\partial x_S} & \frac{\partial y_R}{\partial y_S} \end{matrix} \begin{matrix} \dot{x}_S \\ \dot{y}_S \end{matrix} = \mathbf{J}^{-1} \begin{matrix} \dot{x}_S \\ \dot{y}_S \end{matrix}, \qquad (5.15a)$$

$$\begin{matrix} \ddot{y}_L \\ \ddot{y}_R \end{matrix} = \frac{d\mathbf{J}^{-1}}{dt} \begin{matrix} \dot{x}_S \\ \dot{y}_S \end{matrix} + \mathbf{J}^{-1} \begin{matrix} \ddot{x}_S \\ \ddot{y}_S \end{matrix} \qquad \text{mit} \qquad \frac{d\mathbf{J}^{-1}}{dt} = \mathbf{J}^{-1}\dot{\mathbf{J}}\mathbf{J}^{-1}. \qquad (5.15b)$$

Darüber hinaus lassen sich aus der Kinematik die Sensitivitäten gegenüber geometrischen Fehlern bestimmen. Als Fehlerquelle von zentraler Bedeutung wird hier das in Abb. 5.4 skizzierte Lagerspiel und dessen Einfluss auf Lage und Orientierung des Endeffektors betrachtet. Aufgrund der Überbestimmheit der drei Freiheitsgrade durch vier Parameter (Strebenlängen) und der damit schwierig einzuarbeitenden Zwangsbedingung (alle Streben enden in einer Ecke des Tisches) ist es einfacher, vom umgekehrten Zusammenhang auszugehen, d.h. es werden von einer Fehlstellung des Endeffektors ausgehend die dazugehörigen Änderungen der Strebenlängen

$$\Delta L_i = |\mathbf{r}_{T_i}(\Delta x, \Delta y, \Delta \gamma) \quad \mathbf{r}_{S_i}| \quad L$$

5.3 Kinematik und Kinetik des parallelkinematischen Beispielmechanismus

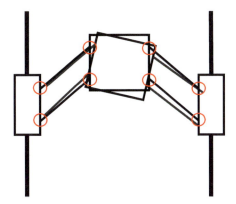

Abbildung 5.4: Das Lagerspiel wird in Form von Kreisen um die Gelenkmittelpunkte modelliert, in denen sich die Strebenenden befinden können

berechnet. Weil diese Abweichungen des Endeffektors und das Lagerspiel sehr klein im Vergleich zu den restlichen Abmessungen sind, liefert die Linearisierung

$$\begin{bmatrix} \Delta L_1 \\ \Delta L_2 \\ \Delta L_3 \\ \Delta L_4 \end{bmatrix} = \mathbf{J}_L \begin{bmatrix} \Delta x \\ \Delta y \\ \Delta \gamma \end{bmatrix} \quad \text{mit} \quad \mathbf{J}_L = \begin{bmatrix} \frac{\partial \Delta L_1}{\partial \Delta x} & \frac{\partial \Delta L_1}{\partial \Delta y} & \frac{\partial \Delta L_1}{\partial \Delta \gamma} \\ \frac{\partial \Delta L_2}{\partial \Delta x} & \cdots & \cdots \\ \frac{\partial \Delta L_3}{\partial \Delta x} & \cdots & \cdots \\ \frac{\partial \Delta L_4}{\partial \Delta x} & \cdots & \cdots \end{bmatrix} \quad (5.16a)$$

eine gute Näherung für den Zusammenhang zwischen beiden Größen. Anschließend wird dieser Zusammenhang invertiert

$$\mathbf{\Delta x} \approx \mathbf{J}_L^{*-1} \mathbf{\Delta l} \quad \text{mit} \quad \mathbf{\Delta x} = \begin{bmatrix} \Delta x \\ \Delta y \\ \Delta \gamma \end{bmatrix} \quad \text{und} \quad \mathbf{\Delta l} = \begin{bmatrix} \Delta L_1 \\ \Delta L_2 \\ \Delta L_3 \\ \Delta L_4 \end{bmatrix}, \quad (5.17a)$$

wobei die Pseudoinverse zum Einsatz kommt, da es sich um ein überbestimmtes Gleichungssystem handelt. Die Pseudoinverse minimiert die euklidische Norm des verbleibenden Residuums. Es ist anzumerken, dass diese Lösung mittels $\mathbf{J}_L^{*-1}$ das Gleichungssystem für eine zulässige Wahl der $\mathbf{\Delta l}$ exakt erfüllt und dass die Struktur dieser Lösung mit der Struktur der Taylor-Entwicklung der unbekannten Funktion $\mathbf{\Delta x} = \mathbf{f}(\mathbf{\Delta l})$ um deren bekannten und geometrisch kompatiblen Punkt $\mathbf{\Delta x} = \mathbf{f}(\mathbf{\Delta l} = \mathbf{0}) = \mathbf{0}$ übereinstimmt. Daraus wird geschlossen, dass die Elemente der so berechneten Pseudoinversen die gesuchten Informationen über das Übersetzungsverhältnis zwischen dem Lagerspiel und den dadurch verursachten Abweichungen des Endeffektors enthalten. Konkrete zahlenmäßige Auswertungen erfolgen bei der Auslegung des Prototyps in Abschnitt 6.2.2. Es sei an dieser Stelle vorweggenommen, dass sich die Übersetzung des Lagerspiels auf die Endeffektorposition bei praktisch relevanten Geometrien in der Größenordnung 1:1 bewegt.

5 Regelungstechnische Integration der neuartigen Drehgelenke

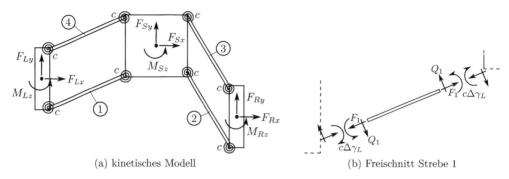

(a) kinetisches Modell (b) Freischnitt Strebe 1

Abbildung 5.5: Biglide-Mechanismus mit diskreten Kraftelementen in Gestalt von Drehfedern in den Gelenken

5.3.2 Kinetik des Biglide-Mechanismus

Aus der Kinematik sind die geforderten Trajektorien der Antriebe bekannt und im Folgenden werden die dazugehörigen Antriebskräfte bestimmt. Die Bestimmung der Antriebskräfte zum Abfahren einer bestimmten Trajektorie des Endeffektors ist Gegenstand der inversen Dynamik. Um die notwendigen Bewegungsgleichungen herzuleiten, gibt es zwei Möglichkeiten: Lagrangesche Gleichungen 2. Art oder die Newton-Euler Methode [138]. Die Wahl fällt hier auf die Newton-Euler Methode, weil sie nicht nur die Antriebs- sondern auch die Zwangskräfte liefert. Die Antriebskräfte werden für die Steuerung und Regelung, wie im vorherigen Abschnitt 5.2 angedeutet, und die Zwangskräfte für die Auslegung der Lager, Gelenke und Führungen in Abschnitt 6.2.3 benötigt. Die Lösung der Kraftverteilung erfordert das Einbeziehen der Elastizität. Dafür liegt noch kein einheitlicher Ansatz vor, sondern es existieren nur Lösungen für spezielle Mechanismen, wie den Viergelenkbogen [154], den Delta-Roboter [142], Pantographen [94] und Hexapoden [149, 154]. Obwohl sich die vorgeschlagenen Methoden auf den Biglide-Mechanismus übertragen ließen, wird ein neuer Ansatz gewählt, welcher den Vorteil besitzt, zwei Standardmethoden (Newton-Euler, Minimum der potentiellen Energie) zu vereinen.

Der Biglide-Mechanismus ist als Starrkörpersystem mit diskreten Kraftelementen in Abb. 5.5 dargestellt. Es werden nur die Kräfte und Momente einbezogen, die in der x-y-Ebene wirken. Die Variablen F_{Sx}, F_{Sy}, M_{Sz} beschreiben die am Punkt S angreifende Last. An anderen Punkten angreifende Lasten müssen durch entsprechende Versatzmomente transformiert werden. Der Endeffektor ist auf jeder Seite durch zwei parallele Streben mit dem Antrieb (Schlitten) gelenkig verbunden. Diese Verbindung überträgt die Längskräfte F_i und die durch die diskreten Kraftelemente hervorgerufenen Querkräfte Q_i r_{Pi}. Es werden nur lineare Drehfedern angenommen, es könnten aber auch andere beliebige Kraftelemente sein, z.B. mit nichtlinearer Kennlinie. Bei der Momentenbilanz ist zu beachten, dass die gelenkige Verbindung selbst kein Moment überträgt, dafür aber durch die Drehfedern in den Gelenken ein Moment erzeugt wird, das auf Strebe und den damit verbundenen Körper (Tisch oder Schlitten) wirkt. Sind alle Drehfedern von gleicher

5.3 Kinematik und Kinetik des parallelkinematischen Beispielmechanismus

Steifigkeit und in der symmetrischen Mittenlage entspannt, dann folgt für die Querkraft der Ausdruck

$$\mathbf{Q}_1 = 2\mathbf{r}_{P1} \times \mathbf{e}_z \frac{c\Delta\gamma_L}{\mathbf{r}_{P1} \cdot \mathbf{r}_{P1}} \tag{5.18}$$

für Strebe 1, deren Freischnitt in Abb. 5.5(b) dargestellt ist. Aufgrund der Parallelkinematik gibt es keine Drehung des Endeffektors, und die geometrischen Beziehungen von Strebe 4 sind identisch mit Strebe 1 und folglich auch die Querkraft $Q_4 = Q_1$. Die Auswertung der Kräfte- und Momentenbilanzen des linken Antriebs lauten

$$\mathbf{F} \ : \ m_L \ddot{\mathbf{r}}_L = \mathbf{F}_L + \mathbf{F}_1 + \mathbf{F}_4 + \mathbf{Q}_1 + \mathbf{Q}_4, \tag{5.19a}$$

$$\mathbf{M} \ : \ 0 = \mathbf{M}_L + \mathbf{r}_{L1} \times (\mathbf{F}_1 + \mathbf{Q}_1) + \mathbf{r}_{L4} \times (\mathbf{F}_4 + \mathbf{Q}_4) + 2c\Delta\gamma_L \mathbf{e}_z. \tag{5.19b}$$

Darin kennzeichnen $\Delta\gamma_L$ den Verdrehwinkel der Drehfeder, d.h. die Differenz zwischen momentaner Winkellage und dem Winkel in der entspannten Ausgangslage. Die Auswertung für den rechten Antrieb ist analog, nur sind dort die Streben 2 und 3 beteiligt. Die y Komponenten der Kräfte $\mathbf{F}_L$ und $\mathbf{F}_R$ sind Antriebskräfte und die x Komponenten Zwangskräfte. Die z Komponenten der Momente $\mathbf{M}_L$ und $\mathbf{M}_R$ sind Zwangsmomente. Alle anderen Komponenten sind im ebenen Fall null. Die Antriebs-, Zwangskräfte und -momente sind somit als Funktionen der Stabkräfte bekannt. Die Stabkräfte gehen ins Kräfte- und Momentengleichgewicht

$$\mathbf{F} \ : \ m_S \ddot{\mathbf{r}}_S = \mathbf{F}_S + \sum_{i=1}^{4} (\mathbf{F}_i + \mathbf{Q}_i), \tag{5.20a}$$

$$\mathbf{M} \ : \ 0 = \mathbf{M}_S + \sum_{i=1}^{4} \mathbf{r}_{Si} \times (\mathbf{F}_i + \mathbf{Q}_i) + 2c(\Delta\gamma_L + \Delta\gamma_R)\mathbf{e}_z. \tag{5.20b}$$

des Endeffektors ein. Es tauchen keine Trägheitswirkungen im Momentengleichgewicht auf, weil die Massen der Streben sehr klein im Vergleich zum Tisch und den Antrieben sind und vernachlässigt werden. Drehbewegungen der Antriebe und des Tisches sind durch die Führung bzw. die Parallelkinematik nicht möglich, sodass durch sie keine entsprechende Momente entstehen.

In diesen Gleichungen sind die Trägheitswirkungen schon durch die inverse Kinematik bestimmt. Die Newton-Euler Methode führt aufgrund der mechanischen Überbestimmtheit (eine Strebe zuviel •) auf ein unterbestimmtes Gleichungssystem (drei Gleichungen: $F_x = F_y = M_z = 0$, vier Unbekannte: $F_1 \ldots F_4$). Die zusätzlichen Bedingungen folgen durch das Hinzuziehen des Prinzips vom Minimum der potentiellen Energie, das aus der Statik hinlänglich bekannt ist. Dazu wird das elastische Potential der Streben durch Hinzufügen des Gleichgewichts als Nebenbedingung mittels Lagrange-Multiplikatoren

$$\Pi_{mod} = \sum_{i=1}^{4} \int_0^{l_P} \frac{F_i^2}{EA} ds + \lambda_1 F_x + \lambda_2 F_y + \lambda_3 M_z \tag{5.21}$$

5 Regelungstechnische Integration der neuartigen Drehgelenke

modifiziert. Damit erweitert sich das Problem auf sieben Unbekannte, für die jetzt sieben Gleichungen (Extremalbedingungen)

$$\frac{\partial \mathcal{L}^{mod}}{\partial F_i} = 0, \quad i = 1\ldots 4, \tag{5.22a}$$

$$\frac{\partial \mathcal{L}^{mod}}{\partial \lambda_i} = 0, \quad i = 1\ldots 3 \tag{5.22b}$$

zur Verfügung stehen. Die Lösung dieser Gleichungen bestimmt die Kraftverteilung auf die Streben und somit alle am Mechanismus angreifenden Kräfte, um die vorgegebene Trajektorie zu erzeugen. Die Elastizität der Streben wird nur für die Kraftverteilung herangezogen, aber nicht in der Kinematik berücksichtigt. Dort gelten die Streben weiterhin als starr. Dieses »starrelastische« Verhalten entspricht einer extrem hohen Dehnsteifigkeit der Streben.

Der gesamte Ablauf wird noch einmal kurz zusammengefasst. Es sind nacheinander

aus der Endeffektortrajektorie mittels inverser Kinematik die Antriebstrajektorien und dazugehörigen Trägheitswirkungen zu bestimmen,

aus dem Minimum der potentiellen Energie die Kraftverteilung auf die Streben zu berechnen,

und schließlich aus den Freischnitten der einzelnen Gelenke die Antriebskräfte und Zwangsreaktionen zu ermitteln.

5.4 Regelungstechnische Aspekte der Festkörpergelenke

Ziel dieses Abschnitts ist der Entwurf einer Positionsregelung für einen nachgiebigen Mechanismus. Durch die großen Verformungen gehen diese Gelenke über die Modellierung als linear elastisches Mehrkörpersystem hinaus und erfordern neue Ansätze. Festkörpergelenke unterscheiden sich von konventionellen Gelenken durch ihre komplexe Kinematik und das Auftreten von Rückstellkräften aus den elastischen Verformungen. Im Gegensatz zu konventionellen Gelenken liegen ihre Frequenzen der elastischen Moden nicht weit oberhalb derer der Starrkörpermoden. Deswegen kann ihr Spektrum nicht vernachlässigt werden, sondern muss in die Reglerauslegung einbezogen werden, um zu verhindern, dass höhere Moden durch die Regelung angeregt werden. Zur Regelung elastischer Mehrkörpersysteme existieren verschiedene Ansätze: gleitende Zustandsregelung (»sliding mode control«) [44], Ein-/Ausgangslinearisierung [141] in Verbindung mit modaler Reduktion und Unterraummethoden [129, 130]. Der hier gewählte Ansatz [82] besteht in der Reduktion des Systems mit elastischen Gelenken auf ein Pseudo-Mehrkörpersystem (PMKS), d.h. Starrkörper verbunden durch ideale Drehgelenke. Ein solches System ist intuitiv, einfach auswertbar und passt in die klassischen Regelungskonzepte für Mehrkörpersysteme. Die Parameter (Federsteifigkeiten, Gelenklängen) des Systems sind stellungsabhängig. Schwankungen werden als Ungewissheit ins Modell einbezogen. Für jeden Parameter werden ein Nennwert und seine Grenzen angegeben, innerhalb derer er variiert. Der Reglerentwurf erfolgt dann mit den Methoden der robusten Regelung [145], die für den ungünstigsten Fall der Parameterwerte einen funktionierenden Regler liefern. Die Formulierung der Reglerspezifikationen erfolgt bei dieser Regelungstheorie mittels H -Normen [167]. Ebenso werden die elastischen Moden als Ungewissheit im Sinne der robusten Regelung einbezogen. Zuerst wird die Modellreduktion für ein Gelenk vorgestellt und anschließend der Reglerentwurf anhand eines Minimalmodells von einem nachgiebigen Mechanismus demonstriert.

5.4.1 Reduktion auf ein Pseudo-Mehrkörpersystem

Die Kinematik und die Kinetik des idealisierten Mehrkörpersystems wurden im vorigen Abschnitt erklärt. In diesem Kapitel wird die Reduktion vom Kontinuumsmodell eines nachgiebigen Mechanismus auf ein PMKS vorgestellt [70]. Dazu gehört die Bestimmung der Ersatzlängen der Gelenke und der Steifigkeiten der Drehfedern. Neben den Nennwerten werden auch Grenzen ermittelt, innerhalb derer sich diese Parameter bewegen können. Die Approximation auf ein PMKS hat sich in vielen Anwendungen bewährt [76, 103], um die wichtigsten kinematischen, statokinetischen und teilweise dynamischen Eigenschaften hybrider oder vollständig nachgiebiger Mechanismen wiederzugeben.

Die Geometrie und die Randbedingungen des Kontinuumsmodells sind in Abb. 3.16(a) auf S. 39 dargestellt. Abb. 5.6 veranschaulicht die Reduktion auf das entsprechende Starrkörpersystem mit den Gelenklängen L und den Drehfedern der Steifigkeit c, welche die elastische Biegung modellieren. Die hier verfolgte Vorgehensweise orientiert sich am extremsten Fall eines Festkörpergelenks nämlich Blattfedern [32, 71, 86].

Zunächst wird die kinematische Approximation aus der Bahnkurve des Endpunkts bestimmt, d.h. die Position des Pseudogelenks optimiert. Danach wird aus der Drehmoment-Pseudodrehwinkelkurve der Sollverformung die Steifigkeit der äquivalenten Drehfedern bestimmt. Wie man aus Abb. 3.17(a) auf S. 40 erkennen kann, ist die Last-Verschiebungskurve nahezu linear ($F_t r = c_\gamma \Delta\gamma + a_\gamma$) und kann demzufolge in guter Näherung durch eine entsprechende Funktion dargestellt werden. Die Zuordnung von Winkel und Moment erfolgte nach der Methode der kleinsten Quadrate durch die entsprechenden Normalengleichungen [34]

$$\mathbf{A}^T \mathbf{A} \begin{matrix} c_\gamma \\ a_\gamma \end{matrix} = \mathbf{A}^T \mathbf{f}_a r, \qquad (5.23)$$

in denen die erste Spalte der Matrix $\mathbf{A}$ die Werte von $\Delta\gamma$ und die zweite Einsen enthält. Der Vektor $\mathbf{f}_a$ enthält die dazugehörigen Werte der aktiven Kraft.

Um die höheren Moden zu bestimmen, ist eine Modalanalyse in ausgewählten Stellungen durchgeführt worden. Die Ergebnisse der Modellreduktion sind die geometrischen und die dynamischen Parameter in der für die robuste Regelung üblichen Form

$$l_N \pm \Delta l \quad \text{und} \quad c_{\gamma N} \pm \Delta c \qquad (5.24)$$

als Nennwert und eine additive Ungewissheit. Für die Dynamik wird eine obere Schranke aufgestellt, welche die Menge der vernachlässigten Moden in allen ausgewählten Stellungen möglichst eng begrenzt.

Dieses Modell mit definierten Ungewissheiten in seinen Parametern und seiner Dynamik ist die Basis für die Reglerauslegung.

5.4.2 Reglerauslegung für einen nachgiebigen Mechanismus

Die Aufgabe des Reglers besteht darin, den Endeffektor in Gegenwart unbekannter Störkräfte entlang der Nominaltrajektorie $x(t)$, $y(t)$ zu bewegen. Entsprechend dem in Abschnitt 5.2 genannten Konzept der Vorsteuerung werden zunächst die nominellen Antriebskräfte berechnet. Für die Ausregelung von Störungen wird die Ausgangsstellung als Arbeitspunkt gewählt. Dies ist zulässig, solange die systematischen Zusammenhänge nicht verzerrt werden. Berücksichtigt werden muss aber, dass dadurch die Ungewissheiten im Modell zunehmen. Zusammengefasst liegen folgende Ungewissheiten im Modell vor:

stellungsabhängige Steifigkeiten und Gelenklängen,

stellungsabhängige Matrizen $\mathbf{M}$, $\mathbf{D}$, $\mathbf{K}$ durch Entfernung aus dem Arbeitspunkt,

stellungsabhängige Eigenfrequenzen.

Die vernachlässigten Frequenzen stellen ein nicht zu vernachlässigendes Problem dar, wie aus dem Bereich der aktiven Dämpfung von Kontinua bekannt ist [48, 80, 125]. Um entsprechende Überlauf-Effekte (engl.: spillover) auszuschließen, muss eine Wichtungsfunktion gefunden werden, die alle Moden möglichst eng abdeckt, um die Auswahl an Reglern nicht unnötig einzuschränken.

Robuste Regelung [58, 167] ist die Theorie zur Auslegung von Reglern in Gegenwart von Ungewissheiten. In diesem Zusammenhang steht robust • für ein kleines Verhältnis zwischen Änderungen des Systemverhaltens und Änderungen seiner Parameter. Das Ziel ist ein Regler, der im schlechtesten Fall, dem Eintreten der ungünstigsten Parameterwerte, die besten Ergebnisse produziert, also immer noch die Spezifikationen erfüllt. Optimalität und Robustheit schließen sich gegenseitig aus, d.h. für einzelne Parameterkombinationen wird es immer einen Regler mit besseren Eigenschaften geben, aber nicht für die Gesamtheit aller Parameterkombinationen.

Der Regler wird durch die μ-Synthese [9] erzeugt. Seine Leistungsanforderungen werden durch Wichtungsfunktionen im Frequenzbereich formuliert. Typischerweise sollte der Führungsfehler im niederfrequenten Bereich klein sein, wohingegen im höherfrequenten Bereich größere Abweichungen tolerierbar sind. Die Aktordynamik inklusive Stellgrößenbeschränkungen wird ähnlich beschrieben. Die meisten Aktoren erlauben große Ausschläge im niederfrequenten Bereich und sind bei steigender Frequenz in ihren Aktionen begrenzt. Störungen treten typischerweise im niederfrequenten Bereich auf, während es sich bei Messrauschen meist um weißes Rauschen kleiner Amplitude handelt. Der erhaltene Regler wird durch eine Matrix charakterisiert, deren Elemente Übertragungsfunktionen, meist hoher Ordnung, darstellen. Er lässt sich durch Reduktion mittels Hankel-Singulärwerten [133] reduzieren, ohne seine Leistungsfähigkeit einzubüßen.

Das Beispiel einer einzelnen Strebe des Mechanismus wird im nächsten Abschnitt behandelt.

5.4 Regelungstechnische Aspekte der Festkörpergelenke

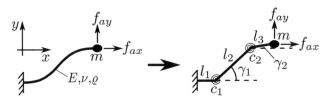

Abbildung 5.6: Approximation eines Festkörpergelenks durch ein PMKS

5.4.3 Beispiel: Regelung einer Strebe als Teilsystem des Biglide-Mechanismus

Im Folgenden wird ein Festkörpergelenk (Blattfeder oder Strebe mit zwei konzentrierten Nachgiebigkeiten) betrachtet, wie es in einem Biglide, einer Parallelführung oder einem ähnlichen Mechanismus zum Einsatz kommen könnte. Modellmäßig ist das Gelenk an einem Ende fest eingespannt und trägt am anderen Ende eine konzentrierte Masse. Diese Masse wird gleichzeitig als Endeffektor betrachtet, an dem die Antriebskräfte f_{ax}, f_{ay} angreifen. Wie in Abb. 5.6 dargestellt, besteht die Modellapproximation des Festkörpergelenks aus zwei Drehgelenken (Drehwinkel γ_1 und γ_2). Das Gelenk wird in drei Segmente der Länge l_1, l_2 und l_3 unterteilt, die mit Drehfedern der Steifigkeit c_1 und c_2 verbunden sind. Diese Größen werden entsprechend Abschnitt 5.4.1 bestimmt. Die Massen der Segmente sind deutlich kleiner als die konzentrierte Masse am rechten Ende und werden vernachlässigt. Die Bewegungsgleichungen des PMKS in den Antriebskoordinaten sind durch Gl. (5.2) bestimmt. Dabei handelt es sich um die Lagrange'schen Gleichungen zweiter Art, die auf den Energieausdrücken

$$T = \frac{1}{2}m \left(x_{tcp}(\gamma_1, \gamma_2, \dot\gamma_1, \dot\gamma_2)^2 + y_{tcp}(\gamma_1, \gamma_2, \dot\gamma_1, \dot\gamma_2)^2 \right), \tag{5.25a}$$

$$V = \int_0^{\gamma_1} \int_0^{\gamma_1^*} c_1(\gamma_1^{**})\, d\gamma_1^{**}\, d\gamma_1^* + \int_0^{\gamma_2} \int_0^{\gamma_2^*} c_2(\gamma_2^{**})\, d\gamma_2^{**}\, d\gamma_2^* \tag{5.25b}$$

beruhen. Die Vorwärtskinematik mit den Drehwinkeln γ_{01} und γ_{02} des undeformierten Zustands lautet

$$x_{tcp} = l_1 + l_2 \cos(\gamma_{01} + \gamma_1(t)) + l_3 \cos(\gamma_{02} + \gamma_2(t)), \tag{5.26a}$$

$$y_{tcp} = l_2 \sin(\gamma_{01} + \gamma_1(t)) + l_3 \sin(\gamma_{02} + \gamma_2(t)). \tag{5.26b}$$

Sie kann geometrisch als Schnittpunkt zweier Kreise, einer mit Radius $R = l_3$ um den Endeffektor und der andere mit Radius $R = l_2$ um den Punkt $[l_1, 0]$, invertiert werden. Angemerkt sei, dass es zwei Schnittpunkte gibt, aber nur einer relevant ist und zwar derjenige, der die Gelenkdeformation minimiert. Weil die Antriebskräfte f_{ax}, f_{ay} nicht mit den verallgemeinerten Kräften f_1, f_2 (Gelenkmomente) übereinstimmen, müssen sie ineinander überführt werden. Die Transformation wird durch die Jacobi-Matrix

$$\begin{array}{l} f_1 = \frac{\partial x}{\partial \gamma_1} f_{ax} + \frac{\partial y}{\partial \gamma_1} f_{ay} \\ f_2 = \frac{\partial x}{\partial \gamma_2} f_{ax} + \frac{\partial y}{\partial \gamma_2} f_{ay} \end{array} \qquad \mathbf{f} = \mathbf{J}_f \mathbf{f}_a \tag{5.27}$$

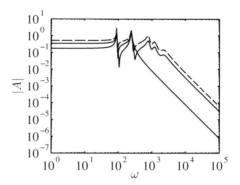

Abbildung 5.7: Die als obere Schranke für die stellungsabhängigen Frequenzgänge gewählte Wichtungsfunktion (gestrichelt) und die Frequenzgänge zweier ausgewählter Stellungen (durchgezogen)

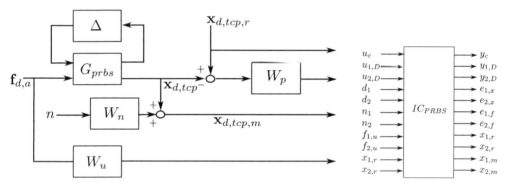

Abbildung 5.8: Blockdiagramm der gewichteten offenen Schleife und Zusammenfassung als Eingang/Ausgang-Diagramm

beschrieben. Damit ist die Stufe der Vorsteuerung abgeschlossen, und es folgt der Aufbau des Streckenmodells für die Regelung. Mit der Arbeitsraumdefinition $\gamma_{1,min} \leq \gamma_1 \leq \gamma_{1,max}$ und $\gamma_{2,min} \leq \gamma_2 \leq \gamma_{2,max}$ ergeben sich sowohl die parametrischen Ungewissheiten $c_{1,min} \leq c_1 \leq c_{1,max}$ und $c_{2,min} \leq c_2 \leq c_{2,max}$ als auch die oberen Grenzen der Frequenzgänge $|F(j\omega)| < W_b$ für verschiedene Stellungen. Die Wahl der Wichtungsfunktion illustriert Abb. 5.7. Das Blockdiagramm der gewichteten offenen Schleife (engl.: augmented plant) ist in Abb. 5.8 dargestellt. Die Strecke mit den Ungewissheiten Δ wird durch die Matrix G_{prbs} beschrieben. Jedes Element dieser Matrix ist eine Übertragungsfunktion. Der Eingang der Regelstrecke enthält die zusätzlichen Stellsignale $\mathbf{f}_{d,a}$, während der Ausgang die Abweichungen $\mathbf{x}_{d,tcp}$ des Endeffektors von der Solltrajektorie umfasst. Die Führungsgröße $\mathbf{x}_{d,tcp,r}$ ist logischerweise null, weil keine Abweichungen erwünscht sind. Das Messsignal $\mathbf{x}_{d,tcp,m}$ ist verrauscht. Der Führungsfehler wird durch die Wichtungsfunktion W_p bewertet. Fehler im niederfrequenten Bereich werden stärker gewichtet als Fehler im hochfrequenten Bereich. Die Wichtung der Stellgrößen erfolgt durch die Funktion W_u. Sie bewertet niederfrequente Stelleingriffe als billig und hochfrequente als teuer. Für das Messrauschen wird weißes Rauschen geringer Amplitude, beschrieben durch die Wichtungsfunktion W_n, angenommen. Ein passender Regler für das so formulierte Problem der robusten Regelung wird numerisch durch D-K-Iterationen [23] gefunden. Der so synthetisierte Regler liefert in der Summe für eine Auswahl an Beispieltrajektorien und Parameterwerten bessere Ergebnisse als ein auf die Nominalwerte ausgelegter LQR-Regler.

Die Methode zur Regelung nachgiebiger Mechanismen lautet zusammengefasst: Der Mechanismus wird auf ein Pseudostarrkörpersystem reduziert, und die Abweichungen vom Kontinuumsmodell werden als Ungewissheiten in die Reglerauslegung einbezogen. Diese Methode eignet sich für kleine bis mittlere Auslenkungen (Drehwinkel), wie sie bei Festkörpergelenken des Biglide-Mechanismus typischerweise auftreten.

5.5 Regelungstechnische Aspekte der Trockengleitlager

Im Gegensatz zu den Festkörpergelenken entsprechen die Trockengleitlager idealen Drehgelenken aus kinematischer Sicht sehr gut. In der Kinetik gibt es Ungewissheiten, weil weder die genaue ursprüngliche Reibcharakteristik noch die exakte Auswirkung der Reibwertglättung bekannt sind. Deswegen werden im Folgenden bekannte Konzepte zum regelungstechnischen Umgang mit Reibung kurz wiedergegeben und ein eigener Vorschlag entwickelt.

Ein weiterer Aspekt ist das e ziente Erzeugen der für die Reibwertglättung notwendigen Relativbewegung. Um den Bauraum gering zu halten, besteht das Ziel darin, mit einem relativ kleinen Aktor möglichst große Amplituden der axialen Schwingung des Lagerbolzens zu erzeugen. Daher ist es zweckmäßig mit einer Frequenz anzuregen, die zu großen Amplituden zwischen Bolzen und Hülse führt. Darüber hinaus sollte diese Anregung robust gegenüber Parameterschwankungen sein, d.h. bei einer Änderung der Parameter oder Randbedingungen sollten die erzeugten Amplituden nahezu konstant bleiben. Das lässt sich erreichen, indem ein fester Punkt des Frequenzgangs, der durch Amplitude und Phasendifferenz charakterisiert ist, verfolgt wird. Die entsprechende Regelung lässt sich als verallgemeinerte Resonanzverfolgung bezeichnen und durch Phasenregelkreise realisieren. Dabei ist an dieser Stelle zwischen dem Bolzen und dem aus den Drehgelenken aufgebauten Mechanismus zu unterscheiden. Die Erzeugung großer Amplituden bezieht sich nicht auf den Mechanismus, sondern nur auf Moden, deren Wirkung lokal auf den Bolzen begrenzt ist. Die Eigenfrequenzen, die sich auf den Endeffektor auswirken, werden aufgrund der relativ hohen Massen der angeschlossenen Bauteile in einem weit darunterliegenden Frequenzbereich erwartet.

5.5.1 Reibungskompensation beim Einsatz der Trockengleitlager

Die Reibcharakteristik unterscheidet sich durch ihren nichtglatten Verlauf (unterschiedliche Differentialgleichung für Haften und Gleiten) von anderen linearen oder schwach nichtlinearen Kraftelementen. Demzufolge sind spezielle Regelungskonzepte erforderlich. Aktuelle regelungstechnische Ansätze sind die Ein-/Ausgangslinearisierung [1] und die Auswertung von Kennfeldern, um die Reibungseffekte zu kompensieren [3, 15].

Bei der Ein-/Ausgangslinearisierung wird die Reibung durch eine Beschreibungsfunktion angenähert und damit eine Ein-/Ausgangslinearisierung der Strecke durchgeführt. Für die linearisierte Strecke lassen sich dann alle Regelungskonzepte der linearen Theorie nutzen. Durch die Näherung mittels einer Beschreibungsfunktion wird von Gleiten ausgegangen, d.h. Systeme mit starker Reibung und langen Haftphasen verletzen die getroffenen Annahmen und deren Simulationen auf dieser Basis liefern folglich unbrauchbare Ergebnisse.

Bei der zweiten Variante ist ein gemessenes Kennfeld der Reibwert-Geschwindigkeitsverläufe für ein Raster an Gelenkstellungen und häufig auftretenden Bewegungen hinterlegt, aus dem die Reibkräfte abgeschätzt und durch entsprechende Antriebskrafterhöhungen kompensiert werden [79]. Dadurch lassen sich Effekte wie Losreißen und Ruckgleiten vermindern, aber nicht ausschließen. Der Schwachpunkt dieses Verfahrens ist die Abhängigkeit von den Umgebungsbedingungen. So hängt das Kennfeld z.B. von Standzeiten, Temperatur, Schmierung und Feuchtigkeit ab.

Durch die Reibwertglättung wird die Ursache des Losreißens beseitigt. Das geschieht bei angetriebenen Gelenken durch der Stellgröße überlagerte hochfrequente Schwingungen [4], sog. Zittern (engl.: dither). Die hier betrachteten Trockengleitlager verfügen über keinen Drehantrieb. Bei ihnen wird die hochfrequente Relativbewegung durch einen zusätzlichen Aktor erzeugt. Der genaue Verlauf der Reibung lässt sich nicht bestimmen. Zum einen ist der Ausgangsreibwert unbekannt. Er hängt von der Position, der Temperatur, dem Betriebszustand und dem Belastungsverlauf ab. Zum anderen ist das quantitative Ergebnis der Reibwertglättung mit Ungewissheiten behaftet. Für ein Gelenk mit Reibwertglättung legt der Verlauf der Reibkennlinien, gemäß Abb. 4.5 auf S. 51, die Approximation durch einen linearen viskosen Dämpfer nach Gl. (4.28) nahe. Ein solches, lineares Modell lässt sich gut in die Modellierung und den Regelungsentwurf einbeziehen. Die Schwankungen werden, ähnlich zum vorhergehenden Abschnitt, als Ungewissheiten der Dämpferkonstanten

$$D = D_N \pm \Delta D \tag{5.28}$$

in den Reglerentwurf einbezogen. Diese Darstellung ist eine Vereinfachung des Systems mit Festkörpergelenken aus dem vorigen Abschnitt. Kinematische Ungewissheiten und höhere Dynamik treten nicht auf bzw. können vernachlässigt werden. Die parametrische Unsicherheit tritt in Gestalt der Dämpfer anstelle der Federn auf. Das prinzipielle Vorgehen ist das gleiche wie in Abschnitt 5.4.2 und wird hier nicht wiederholt.

5.5.2 Resonanzverfolgung zur energieeffizienten Erzeugung der Reibwertglättung

In den Trockengleitlagern sind piezoelektrische Aktoren zur Erzeugung der hochfrequenten Relativbewegung zwischen Lagerbolzen und -hülsen vorgesehen. Die Ausschläge piezoelektrischer Aktoren sind jedoch begrenzt. Wie aus Abschnitt 4.2.1 zur Reibwertglättung hervorgeht, werden aber Mindestamplituden der Relativbewegung zwischen den Kontaktpartnern und damit auch der Schwingungsanregung benötigt, um den gewünschten Effekt zu erzielen. Um die Aktoren optimal zu nutzen, ist es zweckmäßig, sie in einer Resonanz des Aktor-Bolzen-Vorspannung-Systems zu betreiben. Dabei kommt es darauf an, das System bezüglich des konstruktiven Gestaltungsspielraums, soweit zu analysieren, dass durch die

Anregung der Bolzen möglichst stark, insbesondere im Kontaktbereich mit der Hülse, und der restliche Mechanismus möglichst wenig angeregt werden. Dabei wirkt sich die relativ hohe Masse des Tisches schwingungsisolierend aus, weil sie wie ein Tiefpassfilter wirkt, d.h. die hochfrequenten Bolzenschwingungen dringen nicht bis zum Endeffektor durch. Weil aber in der Praxis nicht alle Parameter (Massen, Steifigkeiten, Randbedingungen) genau bekannt sind oder sich ändern können, sind Schaltungen zur Resonanzverfolgung notwendig. Zur Resonanzverfolgung existieren zwei Ansätze: Phasenregelkreise und Autoresonanz. Bei Phasenregelkreisen wird die Eigenschaft vieler schwingungsfähiger Systeme genutzt, dass bei Resonanz eine charakteristische Phasendifferenz zwischen Eingangs- und Ausgangssignal vorliegt. Diese Phasendifferenz dient als Indikator für die Resonanzfrequenz. Durch Differenzbildung zwischen dem Ist- und dem Sollwert der Phasendifferenz wird die Anregungsfrequenz so lange geregelt, bis die charakteristische Phasendifferenz erreicht ist [51, 88]. Das Prinzip der Autoresonanz basiert ebenfalls auf dem Zusammenhang zwischen Resonanz und Phasendifferenz. Dabei wird das Ausgangssignal nach einer Totzeit, die einer bestimmten Phasendifferenz entspricht, wieder als Eingangssignal in das System zurückgeführt. Diese Totzeit wird in Richtung steigender Amplituden geregelt [6]. In dieser Arbeit werden Phasenregelkreise bevorzugt, weil damit nicht nur die Resonanz, sondern jeder Punkt des Phasengangs verfolgt werden kann. Ferner sind die notwendigen Elektronikbauteile leicht erhältlich.

Modell des Bolzens

Das Modell des Bolzens wird für zwei Ziele benötigt. Zum einen muss die Beziehung zwischen Anregungsfrequenz und Phasendifferenz bekannt sein, um in die richtige Richtung zu regeln. Das gelingt zunächst nur für sehr langsame Parameteränderungen. Deswegen muss zum anderen ein Modell für transiente Anregung bereitgestellt werden, an dem simulativ der Funktionsnachweis für schnelle Parameteränderungen erbracht wird. Die Modellierung des Bolzens als linearer Einmassenschwinger ist, wie für viele andere Systeme auch, ausreichend. Selbst schwingende Kontinua können in der Umgebung einer Resonanzstelle als Einmassenschwinger approximiert werden, sofern die einzelnen Resonanzen weit genug auseinander liegen. Diese Approximation ist für die Anregung einer einzelnen Eigenform und bei Frequenzen in der Nähe der dazugehörigen Eigenfrequenz gerechtfertigt. Hinweise zur Erweiterung des Bolzens auf ein Stabmodell sind in Anlehnung an [83] direkt möglich. Ausgangspunkt der Betrachtungen zur Resonanzverfolgung ist die Bewegungsgleichung. Sie lautet in dimensionsloser Schreibweise

$$\ddot{x} + 2D\dot{x} + x = f(\ ) \tag{5.29}$$

für den Einmassenschwinger. Die viskose Dämpfung dient zum Approximieren der Reibung im Sinne der Gl. (4.28). Die Frequenzgänge der Systeme mit Reibung sind denen viskos gedämpfter Systeme ähnlich mit der Besonderheit, dass die äquivalente viskose Dämpfung noch von der Amplitude der Anregung abhängt [102]. Der Frequenzgang (engl.: Frequency Response Function) liefert den grundlegenden Zusammenhang zwischen Anregung und eingeschwungener Antwort bei harmonischer Anregung $f(\ ) = Fe^{j\ }$. Die Antwort ist

5 Regelungstechnische Integration der neuartigen Drehgelenke

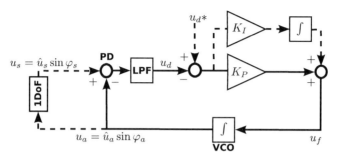

Abbildung 5.9: Modifizierter Phasenregelkreis (PLL) angewandt auf ein mechanisches Einfreiheitsgrad-System, die Modifikationen gegenüber dem klassischen PLL [14] sind durch gestrichelte Linien dargestellt

dann ebenfalls harmonisch $x(\ ) = Xe^{j\ }$. In komplexer Darstellung berechnet sich der Frequenzgang über

$$H(j\ ) = \frac{X}{F} = \frac{1}{1\ ^2 + j2D\ }. \qquad (5.30)$$

Allgemein lässt sich das transiente Verhalten bei gegebener Anregung $f(\ )$ durch die Methode der Variation der Konstanten [65] bestimmen. Analytische Ausdrücke lassen sich dann finden, wenn die Stammfunktionen der Integrale

$$c_1 = \int_0 \frac{f(T)j}{2\ \sqrt{1\ D^2}} e^{-\ _1 T} \mathrm{d}T \qquad c_2 = \int_0 \frac{f(T)j}{2\ \sqrt{1\ D^2}} e^{-\ _2 T} \mathrm{d}T \qquad (5.31)$$

bekannt sind. Darin stehen $\ _1 = \bar{\ }_2 = \ D + j\ \sqrt{1\ D^2}$ für die Nullstellen der charakteristischen Gleichung. In allen anderen Fällen bleibt nur die numerische Lösung der Gl. (5.29) übrig. Im Sinne einer systemtheoretischen Beschreibung dient die anregende Kraft f des Aktors als Eingang und der vom Sensor gemessene Weg x als Ausgang. Für den Fall piezoelektrischer Wandler sei darauf hingewiesen, dass sich durch das gleichzeitige Auftreten des direkten und inversen piezoelektrischen Effekts die Möglichkeit zum Aktor- und Sensorbetrieb in einem Wandler, dem sog. Self-Sensing • [78, 124], eröffnet. Dieses Konzept wurde im Experiment erfolgreich zur Resonanzverfolgung höherer Moden von Balkenschwingungen einbezogen [83].

Modifizierter Phasenregelkreis

Wie aus dem Frequenzgang hervorgeht, sind Resonanzen durch ihre charakteristische Phasendifferenz gekennzeichnet. Folglich bietet sich diese Phasendifferenz zwischen Eingang (Aktor) und Ausgang (Sensor) als Regelgröße an. Entsprechende Regelkreise basieren auf Modifikationen des klassischen Phasenregelkreises (engl.: Phase-Locked Loop (PLL)), wie er 1932 von Bellescize [10] zur Frequenzdemodulation in Radioempfängern erfunden wurde. Der klassische PLL aus Abb. 5.9 besteht aus einem Phasendetektor (PD), einem Tiefpass-

5.5 Regelungstechnische Aspekte der Trockengleitlager

filter (engl.: Low-Pass Filter (LPF)) und einem spannungsgesteuerten Oszillator (engl.: Voltage Controlled Oscillator (VCO)) [14]. Er folgt der Frequenz und führt zu einer gewissen Phasendifferenz als bleibender Regelabweichung. Im Sinne der Regelungstechnik entspricht dieser Kreis einem Regelkreis mit P-Anteil. Das Ausgangssignal $u_a(t)$ des PLL ist ein harmonisches oder ein Rechtecksignal, das im VCO erzeugt wird

$$u_a = u_a \sin(\varphi_a), \qquad \varphi_a = \int_0^t \omega_a \, dt^*. \tag{5.32}$$

Die VCO-Kreisfrequenz $\omega_a = \dot{\varphi}_a$ wird als Mittenkreisfrequenz ω_m plus einem Frequenzanteil, der proportional zum gefilterten Signal u_f ist,

$$\omega_a = \omega_m + K_0 u_f(t) \tag{5.33}$$

eingestellt. Der entscheidende Schritt ist die Differenzbildung zwischen Sensor- und Aktorphase $\Delta\varphi = \varphi_s - \varphi_a$. Sie wird im Phasendetektor gebildet und liefert $u_d(\Delta\varphi)$. Es existieren verschiedene Bauweisen, wie Multiplikator-, JK-, EXOR- und PFD-Phasendetektoren [14]. Hier fällt die Wahl auf den Phase-Frequency-Detector (PFD), weil er Phasendifferenzen im Bereich $-2\pi \ldots 2\pi$ unterscheidet und einen unendlich großen Ziehbereich besitzt [14]. Hierbei ist anzumerken, dass für die Funktionsweise des PFD ein harmonisches und kein multifrequentes Signal angenommen wird. Ähnlich zur Pulsweitenmodulation [67] springt der Phasendetektorausgang $u_d(t)$ zwischen drei Werten: $-K_d, 0, +K_d$. Der über eine Periode gemittelte Wert dieses unstetigen Verlaufs ist proportional zur Phasendifferenz

$$\frac{1}{T}\int_{t_0}^{t_0+T} u_d \, dt = \frac{K_d}{2\pi}\Delta\varphi(t). \tag{5.34}$$

Um diesen Mittelwert zu erhalten, wird das Phasendetektorsignal durch ein Tiefpassfilter geglättet. Die Auslegung des Tiefpassfilters ist ein Kompromiss zwischen schneller Reaktion und glattem Verlauf. Filter niedriger Ordnung bieten den Vorteil, dass mit ihnen die Stabilität des Regelkreises einfach sichergestellt werden kann. Tatsächlich reicht schon ein Filter erster Ordnung

$$H_F(s) = \frac{1}{1 + s/\omega_{3dB}}, \tag{5.35}$$

das durch die Eckfrequenz ω_{3dB}, bei der die Filterdämpfung 3 dB beträgt, parametrisiert ist, um das unstetige PFD-Signal ausreichend zu glätten. Der klassische PLL folgt einem vorgegebenen Eingangssignal. Seine Beschreibung ist somit abgeschlossen. Bei der Anwendung auf ein mechanisches System befindet sich dieses zwischen dem Ausgang und dem Eingang des PLL. Das Sensorsignal des mechanischen Systems

$$u_s = u_s \sin(\varphi_s), \qquad \varphi_s = \varphi_a + \Delta\varphi \tag{5.36}$$

ist die Antwort auf die Anregung $u_a = u_a \sin(\varphi_a)$. Aus diesem Signal ergibt sich durch Differenzbildung mit dem PLL-Ausgang die Phasendifferenz, bzw. das zu ihr proportionale Signal u_d.

5 Regelungstechnische Integration der neuartigen Drehgelenke

Im Fall langsam veränderlicher Parameteränderungen, die Resonanzfrequenzverschiebungen verursachen, ist es zulässig, die Phasendifferenz $\Delta\varphi$ aus dem Frequenzgang abzulesen [51, 88]. Denn so wie die Anteile der Lösung der homogenen Gleichung bei Übergängen von einer konstanten Anregungsfrequenz zur anderen mit e^{-Dt} abklingen, so klingen auch die Abweichungen $|\sin(\Delta\varphi(t)) - \Delta\varphi(\infty)|$ von der Phasendifferenz des eingeschwungenen Zustandes mit e^{-Dt} ab. Um eine vorgegebene Phasendifferenz ohne bleibende Regelabweichung einzuregeln, muss der PLL modifiziert werden. Sein Regler muss um einen I-Anteil

$$H_{PI}(s) = K_P + \frac{K_I}{s} = K_P\left(1 + \frac{1}{T_N s}\right) \tag{5.37}$$

erweitert werden. Über die Parameter K_I und K_P lässt sich das Verhalten der Resonanzverfolgung einstellen. Es handelt sich um ein nichtlineares System, weil innerhalb des PLL mit Phasensignalen und in der Strecke (mechanisches System) mit harmonischen Signalen gearbeitet wird. Die Nichtlinearität steckt in der Umwandlung zwischen beiden Signalen, konkret im Phasendetektor und im VCO. Beide Blöcke wandeln die harmonischen Signale $x = \hat{x}\sin(\varphi_s)$ und $F = \hat{F}\sin(\varphi_a)$ in Phasensignale φ_s und φ_a um oder umgekehrt. Als einfache Auslegungsstrategie hat es sich in der Praxis bewährt, die nichtlineare Systembeschreibung zu umgehen, indem der PLL (ohne mechanisches System) separat ausgelegt wird. Er besteht aus drei linearen Übertragungsblöcken: dem Tiefpass-Filter (1.Ordnung), dem PI-Regler (Nachstellzeit $T_N = K_P/K_I$) und dem VCO. Auf Phasenebene entspricht der VCO einem Integrator. Die Übertragungsfunktion des PLL (ohne mechanisches System) lautet somit

$$H_E = H_F(s) H_{PI}(s) \frac{1}{s} = K_P \frac{T_N \omega_{3dB} s + \omega_{3dB}}{T_N s^3 + T_N \omega_{3dB} s^2}. \tag{5.38}$$

Für dieses System lassen sich die klassischen Verfahren der linearen Regelungstheorie wie Wurzelortskurve, Modellreduktion [38] u.v.m. nutzen. In Simulationen hat es sich als praktikabel herausgestellt, den PLL auf gutes Führungsverhalten auszulegen, so dass er Sprüngen des Eingangssignals φ_s schnell folgt. Damit werden zufriedenstellende Eigenschaften der Resonanzverfolgung (PLL kombiniert mit mechanischem System) festgestellt. Für eine optimale Auslegung der Resonanzverfolgung ist ein Übertragungsmodell der Phasen zwischen Anregung und Antwort Voraussetzung.

Optimierungsansatz für die Resonanzverfolgung durch Einarbeitung der Phasendynamik

Im Folgenden soll ein Ansatz aufgezeigt werden, um die Beschränkung der langsam veränderlichen Parameter aufzuheben und die Dynamik der Resonanzverfolgung weiter zu verbessern. Für die optimale Auslegung des Reglers muss das Übertragungsverhalten zwischen Anregungs- und Antwortphase bekannt sein. Dabei ist eine Schwebung zu erwarten, weil das System noch in der alten Frequenz schwingt, während sich die Anregungsfrequenz in der Nähe davon ändert. Das komplexe Wegsignal $x \in \mathbb{C}$ wird durch Amplitude und Phase ausgedrückt

$$x = re^{j\varphi}, \quad \dot{x} = (\dot{r} + jr\dot{\varphi})e^{j\varphi}, \quad \ddot{x} = \left(\ddot{r} - r\dot{\varphi}^2 + j(r\ddot{\varphi} + 2\dot{r}\dot{\varphi})\right)e^{j\varphi} \tag{5.39}$$

5.5 Regelungstechnische Aspekte der Trockengleitlager

und in die nach x umgestellte Bewegungsgleichung eingesetzt

$$\ddot{r} - r\dot{\varphi}^2 + j(r\ddot{\varphi} + 2\dot{r}\dot{\varphi}) = (f_{Re} + jf_{Im})e^{-j\varphi} - 2D(\dot{r} + jr\dot{\varphi}) - r. \tag{5.40}$$

Diese Gleichung wird nun in Real- und Imaginärteil zerlegt ($e^{-j\varphi} = \cos\varphi - j\sin\varphi$), d.h.

Re: $\quad \ddot{r} - r\dot{\varphi}^2 = f_{Re}\cos\varphi + f_{Im}\sin\varphi - 2D\dot{r} - r,$ (5.41a)

Im: $\quad r\ddot{\varphi} + 2\dot{r}\dot{\varphi} = f_{Im}\cos\varphi - f_{Re}\sin\varphi - 2Dr\dot{\varphi}.$ (5.41b)

Als nächstes wird dieses System in die für die Regelungstechnik übliche Zustandsform gebracht. Dazu werden die Substitutionen

$$x_1 = r, \quad x_2 = \varphi, \quad x_3 = \dot{r}, \quad x_4 = \dot{\varphi}, \quad u_1 = f_{Re}, \quad u_2 = f_{Im} \tag{5.42}$$

eingeführt. Als Ergebnis entsteht ein eingangslineares Mehrgrößensystem $\dot{\mathbf{x}} = \mathbf{a}(\mathbf{x}) + \mathbf{B}(\mathbf{x})\mathbf{u}$. Die Systemgleichungen lauten

$$\dot{x}_1 = x_3, \tag{5.43a}$$
$$\dot{x}_2 = x_4, \tag{5.43b}$$
$$\dot{x}_3 = -2Dx_3 - x_1 + x_1 x_4^2 + u_1\cos x_2 + u_2\sin x_2, \tag{5.43c}$$
$$\dot{x}_4 = -2Dx_4 - 2\frac{x_3 x_4}{x_1} - u_1\frac{\sin x_2}{x_1} + u_2\frac{\cos x_2}{x_1} \tag{5.43d}$$

und die Ausgangsgleichungen $\mathbf{y} = \mathbf{c}(\mathbf{x})$ sind

$$y_1 = x_2, \tag{5.44a}$$
$$y_2 = x_4. \tag{5.44b}$$

Dieses System soll mittels exakter Linearisierung [1] behandelt werden. Weil es bereits in nichtlinearer Regelungsnormalform vorliegt, muss keine Transformation der Zustandsgrößen mehr vorgenommen werden, sondern nur noch die Transformation der Eingangsgrößen $\mathbf{u}$, welche die Nichtlinearitäten kompensiert und so auf ein lineares System führt. Sowohl die Nichtlinearitäten als auch die Eingangsgrößen treten nur in den beiden letzten Gleichungen

$$\begin{bmatrix}\dot{x}_3 \\ \dot{x}_4\end{bmatrix} = \mathbf{n} + \mathbf{D}\mathbf{u} \quad \text{mit} \quad \mathbf{n} = \begin{bmatrix} -2Dx_3 - x_1 + x_1 x_4^2 \\ -2Dx_4 - 2\dfrac{x_3 x_4}{x_1} \end{bmatrix} \quad \text{und} \quad \mathbf{D} = \begin{bmatrix} \cos x_2 & \sin x_2 \\ -\dfrac{\sin x_2}{x_1} & \dfrac{\cos x_2}{x_1} \end{bmatrix} \tag{5.45}$$

auf und diese werden im Folgenden betrachtet. Die Transformation auf die neuen Eingangsgrößen $\mathbf{w} = [w_1, w_2]^T$

$$\mathbf{u} = \mathbf{D}^{-1}(-\mathbf{n} - \mathbf{K}^T\mathbf{z}) + \mathbf{D}^{-1}\mathbf{V}\mathbf{w} \tag{5.46}$$

ist für alle endlichen Werte der Zustandsgrößen definiert, da die Matrix D stets regulär ist ($\text{Det}(\mathbf{D}) = 1/x_1$). Die Einträge der Matrizen

$$\mathbf{K}^T = \begin{matrix} K_{11}\ldots K_{14} \\ K_{21}\ldots K_{24} \end{matrix} \qquad \mathbf{V} = \begin{matrix} V_{11} & V_{12} \\ V_{21} & V_{22} \end{matrix} \tag{5.47}$$

5 Regelungstechnische Integration der neuartigen Drehgelenke

sind frei wählbar. Im Zusammenhang mit der Regler- und Vorfilterauslegung lässt sich damit die gewünschte Eigenwertkonfiguration des Regelkreises mit dem linearen Streckenmodell

$$\begin{bmatrix} x_1 \\ x_2 \\ x_3 \\ x_4 \end{bmatrix} = \begin{bmatrix} 0 & 0 & 1 & 0 \\ 0 & 0 & 0 & 1 \\ K_{11} & K_{12} & K_{13} & K_{14} \\ K_{21} & K_{22} & K_{23} & K_{24} \end{bmatrix} \begin{bmatrix} x_1 \\ x_2 \\ x_3 \\ x_4 \end{bmatrix} + \begin{bmatrix} 0 & 0 \\ 0 & 0 \\ V_{11} & V_{12} \\ V_{21} & V_{22} \end{bmatrix} \begin{matrix} u_1 \\ u_2 \end{matrix} \quad (5.48)$$

einstellen. Diese Darstellung entspricht der lineare Regelungsnormalform, für die alle Methoden aus der umfangreichen Theorie der linearen Systemtheorie (Optimalsteuerung, Optimalregelung usw.) anwendbar sind. Die damit erhaltenen Verläufe von w_1 und w_2 lassen sich mittels Gl. (5.46) in u_1 und u_2 umrechnen. Aus $u_1 = f_{Re}$ und $u_2 = f_{Im}$ folgt schließlich die komplexe Darstellung der anregenden Kraft

$$|f| = \overline{f_{Re}^2 + f_{Im}^2} \qquad \angle f = \arctan \frac{f_{Im}}{f_{Re}} \qquad \text{(4-Quadranten-Auswertung)} \qquad (5.49)$$

um das gewünschte Verhalten der Antwort zu erzeugen.

Neben der hier vorgestellten exakten Linearisierung existieren noch weitere Verfahren zum Reglerentwurf für nichtlineare Systeme, welche die Struktur der Gln. (5.43a)-(5.44b) besitzen. Zu diesen Verfahren gehören Control-Ljapunov-Funktionen und das Backstepping Verfahren [1].

6 Experimente und Beispielanwendung

Nachdem in den vorherigen Kapiteln die theoretischen Grundlagen zum Einsatz der neuartigen Drehgelenke geschaffen wurden, soll nun eine praktische Umsetzung vorbereitet werden. An der bereits in Abschnitt 2.4 eingeführten Verfahreinheit orientierte sich die Entwicklung der Drehgelenke. Die folgenden Abschnitte befassen sich mit der konkreten Auslegung der Drehgelenke und deren Integration in diese Verfahreinheit.

Die praktische Umsetzung besteht aus zwei Schritten. Zuerst werden die Berechnungsmethoden an einzelnen Demonstratoren der Drehgelenke experimentell validiert. Gleichzeitig werden sie für ihre Nutzung in der Verfahreinheit qualifiziert. Im zweiten Schritt werden die an die Verfahreinheit gestellten Anforderungen spezifiziert und entsprechend den in vorherigen Kapiteln eingeführten Auslegungsrechnungen zahlenmäßig ausgewertet. Als Ergebnis entstehen Umsetzungen in die Praxis mit denen erste Ergebnisse und Verbesserungsvorschläge gefunden werden können.

6.1 Gelenkdemonstratoren im Einzelversuch

Die Festkörpergelenke und die Trockengleitlager werden auf Ihre Übereinstimmung mit den Simulationen und ihre Eignung für die geplante Verfahreinheit untersucht. Bei den Festkörpergelenken stehen Kinematik und Kinetik im Vordergrund und bei den Trockengleitlagern die Reibung im Gelenk und deren gesteuerte Reduktion.

6.1.1 Festkörpergelenke

Die Untersuchungen zu den Festkörpergelenken beschränken sich auf Blattfedern. Zum einen, um den fertigungstechnischen Aufwand gering zu halten, zum anderen stellen sie die größte rechentechnische Herausforderung dar. Zu Kerbgelenken liegen die entsprechenden Ergebnisse einer ähnlichen Untersuchung [36] vor. Zuerst werden die Parameter einer einzelnen Blattfeder bestimmt und anschließend die Kinematik und Kinetik eines damit aufgebauten Mechanismus untersucht.

Einzelne Blattfeder

Die Dichte $= m/V$ wird durch Volumenmessung und Wiegen ermittelt. Der Elastizitätsmodul E wird dann aus der ersten Eigenfrequenz

$$_1 = \frac{1.876}{L} \overline{\frac{EI}{A}} \tag{6.1}$$

6 Experimente und Beispielanwendung

	experimentell	Datenblatt [2]
	7600 kg/m^3	7860 kg/m^3
E	185.6 GPa	190 GPa
	″	0.3
d	$2.5 \cdot 10^{-4}$ kg/sm^3	″

Tabelle 6.1: Materialparameter einer Blattfeder der Abmessungen $155 \times 12.5 \times 0.25$ mm^3 aus Bandwalzstahl

der Biegeschwingung [55] des beidseitig eingespannten Balkens (fest fest) konstanten Querschnitts der Länge L, dessen Differentialgleichung

$$EI\frac{\partial^4 w}{\partial x^4} + dA\frac{\partial w}{\partial t} + \rho A \frac{\partial^2 w}{\partial t^2} = 0 \qquad RB: w(0) = \frac{\partial w}{\partial x}|_{x=0} = w(L) = \frac{\partial w}{\partial x}|_{x=L} = 0 \quad (6.2)$$

lautet, berechnet. Die Dämpfung folgt aus dem Zeitverlauf. Aus zwei Umkehrpunkten w_1, w_2 und der dazwischen verstrichenen Zeit wird über die Abklingkonstante die volumenbezogene äußere Dämpfung d

$$d = \frac{\ln(w_1/w_2)}{t_2 - t_1} \quad (6.3)$$

berechnet. Dieser letzte Wert ist nur als Anhaltspunkt zu betrachten, denn als Hauptursache wird hinter dem Abklingen der Luftwiderstand vermutet. Er hängt von der Geometrie, dem Quadrat der Geschwindigkeit und dem Zustand der Luft ab. Die Messung erfolgt mit einem Laservibrometer (Polytec: OFV-056 Sensor Head, OFV-3001S Decoder, PSV-Z-040-F Junction Box) und Impulsanregung. Die so bestimmten Werte sind in Tab. 6.1 aufgelistet.

Die nach Abschnitt 3.2.2 berechneten Eigenfrequenzen einer stark vordeformierten Blattfeder, stimmen bis auf 5% mit den experimentell gemessenen Werten überein.

Festkörpergelenkbasierter Mechanismus

Der in Abb. 6.1 gezeigte Versuchsaufbau besteht aus einem Tisch, der pro Seite über zwei jeweils an beiden Enden fest eingespannten Blattfedern mit einem Schlitten verbunden ist. Die Schlitten werden durch einen Gewindetrieb positioniert. Der linke Schlitten ist in Längsrichtung verfahrbar, um den Betrieb nachbilden und alle Stellungen anfahren zu können. Der rechte Schlitten ist quer verfahrbar, um den Mechanismus an verschiedene Blattfederlängen und Nullwinkel anpassen zu können. Die Länge der Blattfedern wird anhand geometrischer Überlegungen zum gewünschten Arbeitsraum geschätzt und anschließend ihr Querschnitt durch eine überschlägige Traglastrechnung der Streben festgelegt. Zunächst wird die Kinematik untersucht. Dabei wird der Betriebsschlitten (links) von einem Anschlag zum anderen verfahren und die Trajektorie des Tisches über zwei an den Ecken angeklebte Stifte auf einem Blatt Papier erfasst. Dieses Blatt wurde anschließend eingescannt und am PC vermessen. Wie aus Abb. 6.2 ersichtlich, stimmt die

6.1 Gelenkdemonstratoren im Einzelversuch

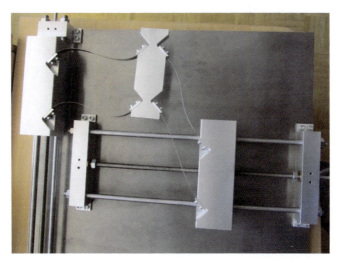

Abbildung 6.1: Demonstrator des festkörpergelenkbasierten Mechanismus: der linke Schlitten dient zum Nachbilden des Betriebs und der rechte zum Anpassen an verschiedene Strebenlängen

Bahn des Endeffektors aus der Simulation gut mit dem Experiment überein. Die Rotation zeigt tendenziell übereinstimmendes Verhalten, die Abweichungen lassen sich durch die Messgenauigkeit (kleine Wegdifferenzen) und den Einfluss der Stifte (Reibung) erklären.

Danach wird die Steifigkeit gegenüber angreifenden Kräften bestimmt. Dazu wird, wie in Abb. 6.3 gezeigt, die Gewichtskraft einer variablen Masse über eine Umlenkrolle am Endeffektor (Tischmittelpunkt) eingeleitet. Die Wege werden an drei Punkten mit dem Laservibrometer (Wegdecoder) gemessen, um Verschiebung und Verdrehung bestimmen zu können. Für die Auswertung werden die Verschiebungen der Messpunkte in die Verschiebung und Verdrehung des Endeffektors, der gleichzeitig der Kraftangriffspunkt ist, umgerechnet und damit die Nachgiebigkeitsmatrix aufgestellt. Die Umrechnung der Wegmessung erfolgt nach Abb. 6.4. Es werden zwei Koordinatensysteme eingeführt: ein raumfestes Koordinatensystem und ein körperfestes Koordinatensystem. Der Ursprung des raumfesten x-y-Systems stimmt mit dem Mittelpunkt des rechteckigen Tisches (Seitenlängen $2a$, $2b$) in der Ausgangslage überein. Seine Achsen sind parallel zu den Tischkanten in der Ausgangslage. Das körperfeste X-Y-System hat seinen Ursprung in der Mitte des ausgelenkten Tisches, und seine Achsen sind parallel zu den Tischkanten der ausgelenkten Lage. Bei der Wegmessung ist zu beachten, dass der Laserstrahl raumfest ist. Die gemessenen Verschiebungen u_1, u_2 und v_3 sind die Abstände zwischen den Punkten p_1 P_1, p_2 P_2 und p_3 P_3 (ausgelenkte Lage-Ausgangslage). Die Verdrehung folgt direkt aus den Verschiebungen in x-Richtung

$$\gamma = \arctan \frac{u_1 \; u_2}{y_1 \; y_2} \; . \tag{6.4}$$

6 Experimente und Beispielanwendung

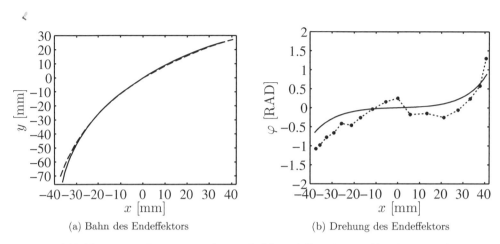

(a) Bahn des Endeffektors (b) Drehung des Endeffektors

Abbildung 6.2: Experiment (gestrichelt) und Simulation (durchgezogen)

Abbildung 6.3: Experimenteller Aufbau zum Bestimmen der Tischsteifigkeit

Die Orientierung des körperfesten Systems ist durch diese Drehung festgelegt

$$\mathbf{e}_X = \frac{\mathbf{r}_X}{|\mathbf{r}_X|} \quad \text{mit} \quad \mathbf{r}_X = \begin{matrix} y_1 & y_2 \\ u_2 & u_1 \end{matrix}, \tag{6.5a}$$

$$\mathbf{e}_Y = \frac{\mathbf{r}_Y}{|\mathbf{r}_Y|} \quad \text{mit} \quad \mathbf{r}_Y = \begin{matrix} u_1 & u_2 \\ y_1 & y_2 \end{matrix}. \tag{6.5b}$$

Um die Lage des ausgelenkten Mittelpunkts und damit seine Verschiebung zu erhalten, werden die Hilfspunkte

$$\overline{p}_1 = p_1 \quad a\mathbf{e}_X \quad \text{und} \quad \overline{p}_3 = p_3 + b\mathbf{e}_Y \tag{6.6}$$

eingeführt. Der Tischmittelpunkt ist der Schnittpunkt der zwei Geraden

$$\mathbf{g}_1(t_1) = \overline{p}_1 + t_1 \mathbf{e}_Y \quad \text{und} \quad \mathbf{g}_3(t_3) = \overline{p}_3 + t_3 \mathbf{e}_X \tag{6.7}$$

parallel zu den Achsen des körperfesten Systems im Abstand a bzw. b von den Punkten p_1 bzw. p_3.

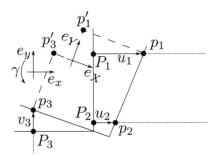

Abbildung 6.4: Umrechnung von gemessenen Verschiebungen in Mittelpunktsverschiebungen

	n_{xx}	[m/N]	n_{yy}	[m/N]	n_{zz}	[m/N]
	exp.	num.	exp.	num.	exp.	num.
Nullstellung	$1.6 \cdot 10^{-5}$	$1.6 \cdot 10^{-5}$	$3.3 \cdot 10^{-6}$	$3.2 \cdot 10^{7}$	$1.2 \cdot 10^{-5}$	$1.1 \cdot 10^{-5}$
Randstellung	$2.8 \cdot 10^{-4}$	$2.7 \cdot 10^{-4}$	$1.2 \cdot 10^{-4}$	$1.2 \cdot 10^{-4}$	$8.5 \cdot 10^{-4}$	$8.1 \cdot 10^{-4}$

Tabelle 6.2: Nachgiebigkeit des Endeffektors gegenüber an ihm angreifenden Lasten

Die Verschiebung in z-Richtung wird direkt am Mittelpunkt gemessen, d.h. es ist keine Umrechnung notwendig. Die Verdrehungen um die x- und y- Achsen und ihre Auswirkungen auf die Verschiebungen werden vernachlässigt. Die Steifigkeiten werden in das 6-Freiheitsgradmodell aus Abb. 6.5 umgerechnet und mit Simulationswerten verglichen. Die ausführliche Rekonstruktion eines Steifigkeitsmodells (drei Federn, zweifach exzentrisch) ist damit möglich. Diese Messung wird in ausgewählten Stellungen wiederholt. Tab. 6.2 bestätigt den Trend der abnehmenden Steifigkeit mit steigender Blattfederdeformation.
Zuletzt wird auch das Schwingungsverhalten untersucht. Dazu werden Beschleunigungssensoren und ein Modalanalysegerät (B&K Pulse) eingesetzt. Als Anregung kommen Hammerschläge zum Einsatz. Der Einfachheit halber werden nur Moden senkrecht zur Bewegungsebene untersucht, weil die dafür erforderlichen Mess- und Anregepunkte leicht zugänglich sind. Die experimentell ermittelten Moden (Abb. 6.6) tauchen auch in der numeri-

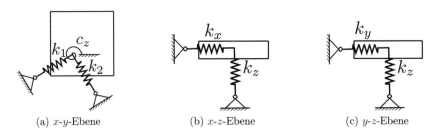

Abbildung 6.5: Modellierung der Tischsteifigkeit gegenüber Lasten

6 Experimente und Beispielanwendung

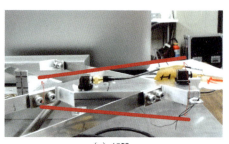
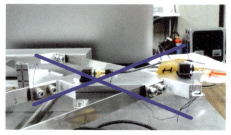

(a) 40Hz (b) 172Hz

Abbildung 6.6: Experimentelle Modalanalyse: Erste (a) und zweite Schwingungsform (b) senkrecht zur Ebene, die Striche kennzeichnen die Tischachse in der ausgelenkten oberen bzw. unteren Position

schen Modalanalyse (FEM) auf. In der Ausgangslage stimmen die Frequenzen gut überein (<5%), mit steigender Verformung nehmen in Experiment und Simulation gleichermaßen die Eigenfrequenzen ab, allerdings vergrößert sich die Diskrepanz bis auf 25%.

Bezüglich Kinematik und Kinetik können die Berechnungsmethoden als validiert betrachtet werden. Im Bereich der Modalanalyse ist eine grundsätzliche Übereinstimmung zwischen Simulation und Experiment festzustellen, aber die Diskrepanzen bei großen Vordeformationen deuten auf Nichtlinearitäten und Kopplungen zwischen den Schwingungsformen hin und bieten somit Anknüpfungspunkte für die weitere Forschung.

6.1.2 Trockengleitlager

Im Fokus der Untersuchungen stehen die experimentellen Messungen des statischen und des dynamischen Reibwerts und deren Reduktion durch die Reibwertglättung. Primär beziehen sich diese Untersuchungen auf die Trockengleitlager, die auf dem Transversaleffekt zur Reibwertglättung basieren, so wie sie in Abschnitt 4.4 entwickelt worden sind. Abb. 6.7(a) zeigt den entsprechenden Demonstrator.

Weil die experimentelle Umsetzung des Normaleffekts (Abb. 4.1(c) auf S. 47) ohne viel Aufwand möglich ist, sind diese Versuche gleichzeitig mit durchgeführt worden, obwohl auf Grundlage der Theorie nicht die gleiche Reduktion wie beim Transversaleffekt zu erwarten ist. Im Gegensatz zu diesem entsteht beim Normaleffekt die Reibwertglättung nicht durch die Mittelung über die Richtung der Relativgeschwindigkeit, sondern durch die Mittelung über die schwankende Normalkraft [6]. Die Bewegung in Normalenrichtung wird durch einen speziellen Aktor aus piezoelektrischen Fasern in einer viskoelastischen Schicht, einem sog. Makrofaserkomposit (engl.: Macro Fibre Composite (MFC)), erzeugt. Dieser Aktor ist sehr robust und lässt sich einfach anwenden. Er wurde, wie in Abb. 6.7(b) dargestellt, auf die Strebe geklebt.

Im ersten Prototyp des Demonstrators zum Transversaleffekt kam ein PL022.30 PICMA Chip Actuator [120] zum Einsatz. Obwohl dieser Aktor nicht alle gestellten Anforderungen erfüllt, insbesondere in Hinblick auf Hub und Leistung, wurde er verbaut, weil er vorrätig

6.1 Gelenkdemonstratoren im Einzelversuch

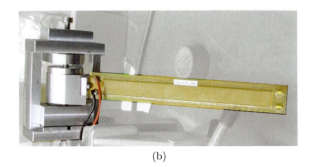

(a)   (b)

Abbildung 6.7: Demonstratorgelenke: Reibwertglättung durch Transversaleffekt mit einem Piezoaktor unter dem Bolzen (a) und Reibwertglättung durch Normaleffekt mit einem MFC auf der Strebe (b)

war. So wurde ein Ausgangspunkt für die weitere konstruktive Entwicklung und die dabei zu berücksichtigenden Aspekte geschaffen. Seine Resonanzfrequenz von 600kHz lässt sich nicht anregen, weil sie weit oberhalb des Verstärkerarbeitsbereiches von 0.01-100 kHz liegt. Deswegen wird versucht, durch eine Frequenzgangmessung eine Resonanz der Bolzenschwingung zu finden. Dazu wird der piezoelektrische Wandler mit einem frequenzgewobbelten Sinus (engl.: Sweep) betrieben und gleichzeitig die Bewegung der Vorspannschraube auf der Oberseite des Gehäuses mit einem Laservibrometer gemessen.

Das Vorgehen bei der Nutzung des Normaleffekts ist ähnlich. Statt des Stapelaktors unter dem Bolzen werden mit dem aufgeklebten MFC (Typ M8507P1 [120]) hochfrequente Schwingungen erzeugt, und die Ausschläge am Strebenende gemessen. Im Vergleich zu den übersichtlichen Frequenzgängen des Mehrmassenschwingermodells enthüllt die experimentelle Messung am Lager eine sehr vielfältige Dynamik, die durch die Wechselwirkung mit dem Gehäuse und nicht berücksichtigte Komponenten verursacht wird. Im Folgenden wird mit den Frequenzen der beiden höchsten Amplituden (21, 85 kHz) angeregt, unter der Annahme, dass große Ausschläge an der Vorspannschraube auf große Ausschläge im Kontakt hindeuten. Dieses Vorgehen ist sehr pragmatisch und erfordert eine weitere theoretische Untermauerung. Durch diese manuelle Schwingungsuntersuchung ist die Resonanzverfolgung nicht notwendig und wird nicht mit der Bolzenanregung kombiniert. Erst wenn vollständig geklärt ist, welche Frequenz angeregt werden soll und wie die entsprechenden Phasendifferenzen aussehen, macht es Sinn, die Resonanzverfolgung auf die Schwingungsanregung des Lagerbolzens anzuwenden. Der experimentelle Funktionsnachweis der Resonanzverfolgung wurde separat erbracht [83] und lässt sich direkt auf die finale Version der Trockengleitlager übertragen.

Haftreibung

Als Maß für den statischen Reibwert wird das Losreißmoment gemessen. Die Umrechnung in den Reibwert erfordert die genaue Kenntnis der Flächenpressung und wurde weggelassen, weil das Ziel der Untersuchung der Nachweis einer Reduktion der Haftreibung und

6 Experimente und Beispielanwendung

	ohne Reibwertglättung	Transversaleffekt	Normaleffekt
M_{haft}	$3.4 \cdot 10^{-3}$ Nm	$3.4 \cdot 10^{-3}$ Nm	$3.0 \cdot 10^{-3}$ Nm
M_{gleit}	$1.7 \cdot 10^{-3}$ Nm	$1.7 \cdot 10^{-3}$ Nm	$1.7 \cdot 10^{-3}$ Nm

Tabelle 6.3: Experimentelle Bestimmung

nicht die zahlenmäßige Bestimmung des Reibwerts selbst ist. Am Gelenk befindet sich eine Strebe (Quader, Schwerpunkt in der Mitte) als exzentrische Masse m_P. Wird diese Strebe aus der Vertikalen ausgelenkt, so erzeugt sie ein rückstellendes Drehmoment aufgrund der Gewichtskraft. Bei kleinen Ausschlägen ist das Haftmoment größer als das rückstellende Drehmoment und das Lager klemmt. Dieser Gleichgewichtszustand ist in Abb. 6.8 dargestellt. Die Auslenkung wird so lange gesteigert, bis der maximale Wert gefunden ist, bei dem die Strebe noch klemmt. Dieses Drehmoment entspricht dem Haftmoment. Entsprechend der theoretischen Vorbetrachtungen liegt es bei der gewählten Passung (Übermaß: $\Delta u = 0 \dots 8 \mu m$) im Bereich von

$$M_H = d_B^2 l_H p_N = 0 \dots 6.5 \cdot 10^{-3} \text{ Nm}. \tag{6.8}$$

Aus dem Fall ohne Reibwertglättung kann unter Annahme einer der unbekannten Größen (p_N, μ) aus der Momentenbilanz (Schweremoment, Haftmoment) am Pendel

$$M_G = m g l_m \cos\varphi_{max} = \mu_0 p_N A_{kontakt} r_B = M_H \tag{6.9}$$

die andere berechnet werden. Die Messung der Haftmomente zeigt noch keine deutliche Reduktion des Haftreibwerts. Daraus wird geschlossen, dass die notwendige Relativbewegung im Kontakt nicht zustande kommt. Überraschend ist, dass der Normaleffekt im Gegensatz zum Transversaleffekt eine kleine aber nachweisbare Wirkung zeigt. Die Ursache wird in der deutlich höheren Leistung der MFC Aktoren im Vergleich zu den Chip Aktoren vermutet.

Gleitreibung

Die Reduktion des Haftreibwertes durch die Reibwertglättung sollte, den Vorbetrachtungen entsprechend, besonders deutlich zu erkennen sein. Um zusätzlich den Einfluss auf die Gleitreibung aufzudecken, wurde ein zweites Experiment für die Trockengleitlager aufgebaut. Zur Messung der Gleitreibung ist eine Pendelschwingung geeignet. Um gut messbare Amplituden zu erhalten (mehrere sichtbare Ausschläge) und im Gültigkeitsbereich der linearisierten Pendelgleichung zu bleiben ($\varphi < 10°$), wird an der Strebe, wie in Abb. 6.9(a) zu sehen, noch eine weitere Masse ($m = 123$ g, $l_m = 115$ mm) hinzugefügt. Für die Berechnung des Trägheitsmoments J wird die Geometrie der Quader eingesetzt. Anschließend wird aus dem Abklingverhalten auf den Gleitreibungskoeffizienten geschlossen. Anhand der linearisierten Differentialgleichung des Pendels

$$\ddot{\varphi} + \frac{mgl}{J}\varphi = \begin{cases} -M_R/J, & \dot{\varphi} > 0 \\ +M_R/J, & \dot{\varphi} < 0 \end{cases} \tag{6.10}$$

6.1 Gelenkdemonstratoren im Einzelversuch

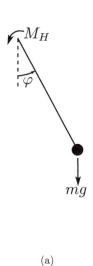

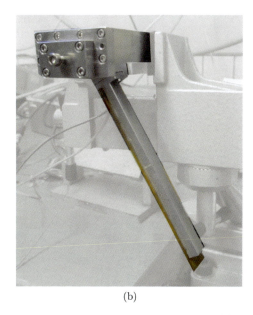

(a) (b)

Abbildung 6.8: Bestimmung der Haftreibung aus dem Losreißmoment: Modell (a) und Versuchsaufbau (b)

lässt sich erkennen, dass die Lösung im Phasenraum Halbkreise um die Punkte = $M_R/(mgl)$, = 0 und = $+M_R/(mgl)$, = 0 sind [102]. In einer Periode reduziert sich dadurch die Amplitude um $4M_R/(mgl)$. Für die Abnahme der Amplitude folgt somit unter Einbeziehen der Periodendauer $T = 2\overline{\pi}\sqrt{J/(mgl)}$ der lineare Zusammenhang

$$\frac{d}{dt} = -\frac{2M_R}{\overline{\pi}\sqrt{Jmgl}} \qquad (6.11)$$

zwischen Zeit und Amplitude. In Abb. 6.9(b) lässt sich kein Unterschied durch die Reibwertglättung erkennen. Bei einer weiteren, quantitativ genaueren Auswertung ist zu beachten, dass das Laservibrometer aufgrund des veränderlichen Einfallswinkels des Laserstrahls auf das Pendel während der Schwingung kein zuverlässiges Wegsignal liefert (Signalaussetzer). Für den Nachweis der Reibwertglättung spielt das jedoch keine Rolle, denn Anfang und Ende der Pendelbewegung sind klar zu erkennen.
Für alle drei Fälle kommt das Pendel bei einer Anfangsauslenkung $_0 = 10$ nach 2.5 s zur Ruhe. Das resultierende Reibmoment ist plausibel, weil es kleiner als die zuvor gemessenen Haftmomente ist, siehe Tab. 6.3. Die fehlende Wirkung der Reibwertglättung in diesem Fall (Gleiten) lässt sich auf zwei mögliche Ursachen zurückführen. Erstens, die Reibwertreduktion ist insgesamt zu schwach. Zweitens, die Geschwindigkeiten im Reibkontakt sind zu hoch, d.h. die Relativgeschwindigkeit liegt in dem Bereich der Reibkennlinie, der von der Reibwertglättung kaum noch beeinflusst wird. Das lässt sich nicht genau sagen, weil experimentell bestimmte Werte für die kubischen Kennlinien, d.h. v_m und μ_m, der gewähl-

6 Experimente und Beispielanwendung

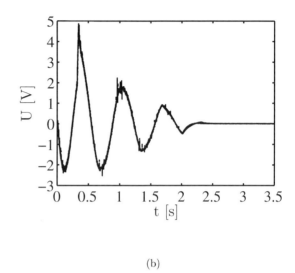

(a) (b)

Abbildung 6.9: Pendel zum Ermitteln der Gleitreibung: Versuchsaufbau (a) und gemessene Wegsignale der Schwingung: ohne Reibwertglättung (durchgezogen), mit Transversaleffekt (gestrichelt) und mit Normaleffekt (gepunktet) zwischen den drei Kurven ist kein Unterschied sichtbar (b)

ten Materialpaarung nicht verfügbar sind. Aufgrund der Ergebnisse aus dem Versuch zur Haftreibungsmessung, erscheint die erste Ursache als wahrscheinlicher.

Schlussfolgerungen aus dem erreichten Stand der Trockengleitlager

Als Ergebnis bleibt festzuhalten, dass der PICMA Chip Actuator PL022.30 [120], wie erwartet, zu klein ist und zu wenig Leistung in den Bolzen einleitet um eine wirksame Reibwertglättung zu erzeugen. Deswegen ist das Trockengleitlager konstruktiv überarbeitet worden und als neuer Aktor der PICA Stack Actuator P007 [120] vorgesehen, einmal in der gleichen Bauweise unter dem Bolzen und einmal noch zusätzlich über dem Bolzen. Damit sollen neben dem prinzipiellen Funktionsnachweis noch weitere Kenndaten ermittelt werden. So soll nicht nur gezeigt werden, dass die Reibung reduziert wird, sondern auch experimentell herausgefunden werden, welcher Zusammenhang zwischen Anregung (Amplitude und Frequenz) und effektivem Reibwert besteht. Als eigentliches Ziel der Konstruktion ist auch noch experimentell auszuschließen, dass kein Ruckgleiten mehr auftritt. Dazu wird eine harmonische Anregung über eine elastische Kopplung als Drehbewegung auf das Gelenk gegeben und dessen Antwort gemessen [3]. Im Vordergrund dieser Arbeit stehen jedoch die Berechnungsmethodik, das Schaffen einer Konstruktionsgrundlage und eines Konzepts zum experimentellen Funktionsnachweis. Auf eine Wiederholung der entsprechenden Versuche des überarbeiteten Demonstrators wurde an dieser Stelle aus Zeitgründen verzichtet.

6.2 Einsatz der Drehgelenke in einer Verfahreinheit

Es wird ein Versuchsstand angestrebt, um die Verfahreinheit hinsichtlich ihrer Entwicklungsziele zu untersuchen. In den folgenden Abschnitten werden die einzelnen Schritte der Auslegung vorgestellt. Der erste Entwurf beruht auf grundsätzlichen geometrischen Überlegungen. Nachdem die Kinematik festgelegt worden ist und die bewegten Massen abgeschätzt wurden, können die auftretenden Reaktions- und Trägheitskräfte bestimmt werden. Damit ist es möglich, weiter ins Detail zu gehen und die Festigkeit kritischer Stellen (Lager, Streben) zu untersuchen. Danach ist zu überprüfen, ob die anfangs gemachten Annahmen erfüllt sind, oder eine weitere Iteration durchgeführt werden muss.

6.2.1 Spezifikationen

Die an die Verfahreinheit gestellten Anforderungen leiten sich aus dem Ziel ab, dass eine daraus aufgebaute Werkzeugmaschine bei weniger Bauraum als eine aus konventionellen Verfahreinheiten aufgebaute Maschine vergleichbare Ergebnisse erreicht. Folgende Zahlenwerte werden für den Einsatz in einer beispielhaften Mikrowerkzeugmaschine festgelegt

Nutzlast:	1 kg,
Geschwindigkeit:	0.6 m/s,
Beschleunigung (x,y):	10 m/s^2,
Bauraum:	$300 \times 300 \times 300$ mm^3,
Arbeitsraum:	30×70 mm^2,
Tischabmessungen:	$50 \times 70 \times 10$ mm^3,
Genauigkeit:	1 μm,
Störkräfte (x,y):	20 N.

Ferner ist beim Einsatz der Verfahreinheit in solchen Maschinen von konstanten Umgebungsbedingungen (Raumtemperatur, Luftfeuchtigkeit und druck) auszugehen, so dass thermische Längenänderungen der Bauteile und weitere Änderungen, z.B. der piezoelektrischen Eigenschaften und der Reibung, infolge der Umgebungsbedingungen vernachlässigbar sind.

6.2.2 Vorauslegung

Die Geometrie muss so festgelegt werden, dass der Arbeitsraum abgedeckt wird ohne singuläre Stellungen zu erreichen. Deswegen werden die Streben länger als die minimale Länge gewählt, d.h. sie könnten einen größeren Arbeitsraum als den geforderten bereitstellen. Als Nullwinkel erscheinen 45 und 60 zweckmäßig. Nach Abb. 5.3(a) auf S. 71 ergibt sich

6 Experimente und Beispielanwendung

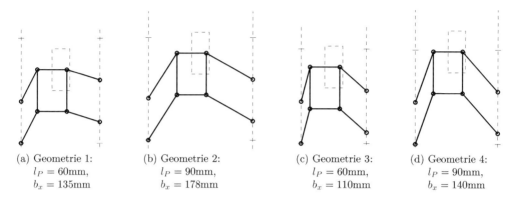

(a) Geometrie 1:
$l_P = 60$mm,
$b_x = 135$mm

(b) Geometrie 2:
$l_P = 90$mm,
$b_x = 178$mm

(c) Geometrie 3:
$l_P = 60$mm,
$b_x = 110$mm

(d) Geometrie 4:
$l_P = 90$mm,
$b_x = 140$mm

Abbildung 6.10: Vier betrachtete geometrische Varianten des Biglide-Mechanismus, Antriebsbahnen und Rand des Arbeitsraums sind gestrichelt dargestellt

	$\gamma_0 = 60$	$\gamma_0 = 45$
$l_S = 90$mm	11.8	15.9
$l_S = 60$mm	18.6	28.2

Tabelle 6.4: Maximale Winkelausschläge $\Delta\gamma$ der ersten Entwurfsvorschläge, um den geforderten Arbeitsraum abzudecken

schon ein günstiges Verhältnis von Bauraum zu Arbeitsraum, wenn die Winkelausschläge nicht voll ausgeschöpft werden. Für jeden der zwei Nullwinkel werden jeweils zwei Strebenlängen in Betracht gezogen. Es ergeben sich also insgesamt vier Varianten, die in Abb. 6.10 dargestellt sind, für die weitere Untersuchung. Ihre Winkelausschläge sind in Tab. 6.4 zusammengefasst. Um den Entwurf zu komplettieren werden die restlichen Abmessungen und Massen geschätzt. Sie sind in Tab. 6.5 zusammengefasst. Auf diesen Werten basieren die weiteren Auslegungsrechnungen. Die vier Geometrien unterscheiden sich durch die Strebenlänge l und den Abstand b_x zwischen den Schlitten:

$l = 60$mm $b_x = 135$mm ($\gamma_0 = 45$),
max. Arbeitsraum (x): $\Delta x = 2 \cdot 60(1 - \cos\frac{\pi}{4}) = 35.1$mm,

$l = 90$mm $b_x = 178$mm ($\gamma_0 = 45$),
max. Arbeitsraum (x): $\Delta x = 2 \cdot 90(1 - \cos\frac{\pi}{4}) = 52.7$mm,

$l = 60$mm $b_x = 110$mm ($\gamma_0 = 60$),
max. Arbeitsraum (x): $\Delta x = 2 \cdot 60(1 - \cos\frac{\pi}{3}) = 60$mm,

$l = 90$mm $b_x = 140$mm ($\gamma_0 = 60$),
max. Arbeitsraum (x): $\Delta x = 2 \cdot 90(1 - \cos\frac{\pi}{3}) = 90$mm.

Variable	Wert	Beschreibung
l_P	60, 90 mm	Strebenlänge (2 Werte)
l_S	70 mm	Tischlänge (y)
b_S	50 mm	Tischbreite (x)
b_C	50 mm	Schlittenbreite (x)
		(Mittenlinie bis zu Gelenken)
γ_0	45 , 60	Nullwinkel (2 Werte)
b_x	135, 178 mm	Abstand zwischen den Schlittenbahnen
	110, 140 mm	(4 Varianten: 2 Strebenlängen, 2 Nullwinkel)
m_S	1.5 kg	Tischmasse (inklusive Nutzlast)
m_C	0 kg	Schlittenmasse (wird bei der Auslegung
		der Antriebe einbezogen)

Tabelle 6.5: Simulationsdaten des Biglide-Mechanismus (Abb. 5.2)

In den Spezifikationen der Vorschubeinheit werden Beschleunigungen von 1 g vorgegeben. Um die entsprechenden Anforderungen für die Menge an Stellungen und Richtungen zu überprüfen, werden zwei Beispieltrajektorien festgelegt, eine Kreisbahn und eine Querfahrt:

Kreisfahrt mit konstanter Geschwindigkeit ($a_r = 1$ g) um die Nulllage, der die Grenzen des Sollarbeitsraums tangiert;

Querfahrt (x) durch den Sollarbeitsraum mit der konstanten Beschleunigung ($a = 1$ g) aus der Ruhe vom linken Rand zur Mitte und dort schlagartiges Umschalten auf Abbremsen mit dem gleichen Beschleunigungsbetrag, sog. bang-bang • Trajektorie.

Abb. 6.11 zeigt diese zwei Beispieltrajektorien. Sie werden für die vier geometrischen Umsetzungen des Biglide-Mechanismus nach Abschnitt 5.3 ausgewertet.

Kinematik

Die inverse Kinematik ießt in die inverse Dynamik ein. Zusätzlich ermöglicht sie es, die Sensitivität der Endeffektorposition gegenüber dem Lagerspiel und den Aktorpositionen zu berechnen. Der Einuss des Lagerspiels wird für die vier angedachten Varianten nach Abschnitt 5.3.1 ausgewertet. Infolge der Parallelkinematik verursachen Ungenauigkeiten in den Antriebspositionen nur Translationsfehler und keine Drehung des Endeffektors. Tab. 6.6 enthält die Maximalwerte der Übersetzungsverhältnisse aus allen Stellungen einer Querfahrt. Aus diesen Ergebnissen stellt sich Geometrie 1 als geeignet heraus. Die Übersetzungen der Fehler sind gering und die kürzere Strebenlänge ist vorteilhaft für die Aufnahme der Traglast.

Kinetik

Zusätzlich zu den Reaktions- und Trägheitskräften infolge des Abfahrens der Trajektorie werden auch Prozesskräfte in die Berechnung einbezogen. Diese Kräfte werden durch

6 Experimente und Beispielanwendung

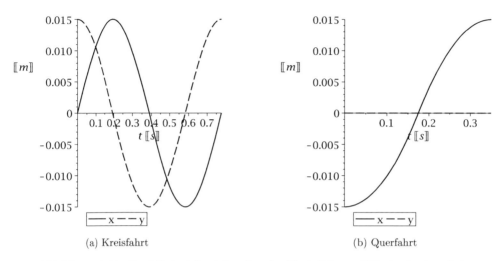

(a) Kreisfahrt

(b) Querfahrt

Abbildung 6.11: Zwei Beispieltrajektorien des Endeffektors (Tischmittelpunkt)

eine am Tischmittelpunkt angreifende, konstante Kraft und ein konstantes Moment modelliert. Bei dem Moment handelt es sich um das Versatzmoment einer an der Tischecke angreifenden Kraft (20 N). Es sind alle Kombinationen aus $F_{Tx} = \pm 20$ N, $F_{Ty} = \pm 20$ N und $M_{Tz} = \pm 0.86$ Nm der am Tisch angreifenden Prozesskräfte untersucht worden. Die resultierenden Maximalwerte der Antriebs- und Zwangskräfte während einer Kreis- und einer Querfahrt sind in Tab. 6.7 zusammengestellt. Die Streben werden dabei als masselos angenommen, weil ihr Gewicht um Größenordnungen kleiner ist als das von Tisch und Schlitten. Die Schlittenmassen sind nur vorübergehend zu null gesetzt worden, weil die Auslegung der Schlitten separat erfolgt. Aus den gegebenen Beschleunigungsverläufen und geforderten Zwangs- und Antriebskräften soll ein Schlitten entwickelt werden, der diese Spezifikationen erfüllt.

Geometrie	1	2	3	4	Anmerkung
Max$\|\frac{dx}{dl_P}\|$	0.87	0.87	1.59	1.59	Abhängigkeit von der Strebenlänge l_P
Max$\|\frac{dy}{dl_P}\|$	0.78	0.74	0.67	0.62	
Max$\|\frac{d\gamma}{dl_P}\|$	20.17	20.09	28.57	28.57	[RAD/m]
Max$\|\frac{de}{dl_P}\|$	0.87	0.86	1.23	1.23	Verschiebungsbetrag der Ecken infolge der Drehung
Max$\|\frac{dx}{dY}\|$	1.00	0.99	1.41	1.41	Abhängigkeit von den Aktorpositionen y_L und y_R
Max$\|\frac{dy}{dY}\|$	0.89	0.80	0.96	0.84	
Max$\|\frac{d\gamma}{dY}\|$	0	0	0	0	[RAD/m]

Tabelle 6.6: Maximalwerte der Übersetzung geometrischer Fehler auf die Endeffektorposition

6.2 Einsatz der Drehgelenke in einer Verfahreinheit

	Antriebskraft F_{Sy}	Zwangskraft F_{Sx}	Zwangsmoment M_{Sz}	Trajektorie
Max.	25.32 N	23.84 N	0.50 Nm	Kreisfahrt
Max.	25.28 N	23.53 N	0.51 Nm	Querfahrt

Tabelle 6.7: Maximalwerte der Antriebs- und Zwangskräfte während der zwei Beispieltrajektorien aus allen Lastkombinationen (Geometrie 1)

Die Zeitverläufe der einzelnen Größen, wie Wege, Geschwindigkeiten, Beschleunigungen, Antriebs-, Zwangskräfte, befinden sich im Anhang B.

6.2.3 Detailbetrachtung kritischer Stellen

Nach der inversen Dynamik (zweidimensional) und den damit bestimmten maximalen Werten im dynamischen Betrieb folgen die ausführlichen Betrachtungen (dreidimensional) der bisher überschlägig ausgelegten kritischen Stellen des Mechanismus. Zu diesen Betrachtungen gehören Festigkeitsnachweise und im Fall der Trockengleitlager zusätzlich die korrekte Einstellung der Vorspannung des piezoelektrischen Aktors.

Um den angestrebten Biglide-Mechanismus mit Festkörpergelenken zu realisieren, gibt es zwei Herangehensweisen. Entweder die Gelenkausschläge oder die Strebenlängen werden minimiert. Das Minimieren der Drehwinkel erlaubt es, Festkörpergelenke mit konzentrierten Steifigkeiten zu verwenden. Der Vorteil ist dann die hohe Steifigkeit gegenüber Prozesskräften. Als Nachteil wächst der Bauraum, weil die Streben und die Schlittenwege dann immer länger werden. Dabei werden entweder die Grenzen der Schlittendynamik oder jene der tragenden Wirkung der Streben erreicht. Das Minimieren der Strebenlänge führt zu einem kleinen Bauraum, der für kleine Werkzeugmaschinen erstrebenswert ist. Die Drehwinkel sind dann sehr groß und lassen sich nur durch verteilte Steifigkeiten erreichen. Das zieht ein Absenken aller Steifigkeiten nach sich, so dass kleine Störkräfte zu unzulässig hohen Positionsabweichungen führen. Die Vorgaben von Bau-, Arbeitsraum und Steifigkeit liegen außerhalb des Anwendungsbereiches der Festkörpergelenke. Sie erreichen die Bauraumvorgaben (Drehwinkel, Strebenlänge) nur mit einem Bruchteil der geforderten Steifigkeit oder die geforderte Steifigkeit nur mit einem Vielfachen der Strebenlänge. Deshalb scheiden sie für den Einsatz im Prototyp aus.

Ab dieser Stelle werden nur noch die Trockengleitlager betrachtet. Die kritischen Stellen sind im Fall der Trockengleitlager die Streben und die Lager. Die auszuführenden Festigkeitsnachweise sind Gegenstand der einschlägigen Literatur und werden hier nur angedeutet und nicht bis ins Detail ausgeführt.

Strebendimensionierung

Zur dreidimensionalen Betrachtung der Streben wird aus der Bewegung des Mechanismus eine Momentaufnahme herausgegriffen. Diese Momentaufnahme (Abb. 6.12) wird als räumliches Tragwerk mit den Mitteln der Statik analysiert. Die Bewegung ießt in Form der entsprechenden Trägheitskräfte ein. Im Unterschied zu den bisherigen ebenen Betrachtungen wird jetzt auch die in negativer z-Richtung wirkende Gewichtskraft der Nutzlast

6 Experimente und Beispielanwendung

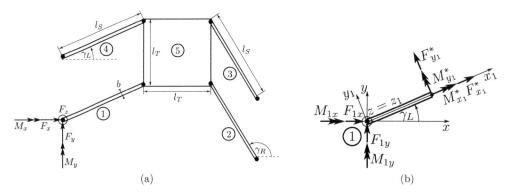

Abbildung 6.12: Modellierung der Verfahreinheit als räumliches Tragwerk (a) die Festlager am Rand und die Gelenke zwischen Streben und Tisch sind fünfwertig, Schnittkräfte einer Strebe (b)

berücksichtigt. Das vorliegende Tragwerk ist zehnfach statisch überbestimmt. Es besteht aus fünf Körpern (Tisch, vier Streben) mit sechs Freiheitsgraden und acht fünfwertigen Bindungen (Drehgelenkrestriktionen $x,y,z,\ ,\ $). Der Lastangriffspunkt befindet sich in der Mitte des Tisches an Punkt 5. An diesem Punkt greifen ein Kraft- und ein Momentenvektor an, welche die Wirkung der Trägheitskräfte (x,y), Gewichtskraft (z) und Prozesskräfte (x,y,z) enthalten. Alle auftretenden Belastungen lassen sich durch entsprechende Versatzmomente in diesen Lastfall überführen. Der Tisch wird als Starrkörper angenommen. Zur Lösung gibt es die numerische Variante mittels FEM (Balken- oder Kontinuumselemente) und die analytische Variante auf Basis der linearen Elastizitätstheorie. Für die numerische Lösung stehen kommerzielle Codes bereit und zur analytischen sollen hier einige Anhaltspunkte gegeben werden. Ein solches überbestimmtes Tragwerk lässt sich mit dem Satz von Castigliano lösen. Berücksichtigt man die Biegetheorie nach Euler-Bernoulli und die Torsion nach St.Venant, Scherung und Längsdehnung, so ist der Ausgangspunkt der Analyse die zugehörige Formänderungsarbeit [155]

$$W_e = \sum_{i=1}^{4} \int_0^{l_S} \frac{M_{x_i}^2}{2GI_t} + \frac{M_{y_i}^2}{2EI_{y_i}} + \frac{M_{z_i}^2}{2EI_{z_i}} + \frac{F_{x_i}^2}{2EA} + \frac{F_{y_i}^2}{2GA} + \frac{F_{z_i}^2}{2GA} \, \mathrm{d}x_i. \quad (6.12)$$

Damit lassen sich zunächst alle Lagerreaktionen bestimmen. Daraus folgen direkt die Schnittgrößenverläufe, aus denen sich die Spannungsverteilung in den Querschnitten berechnen lässt. Diese Berechnungen folgen aus den zugrundeliegenden Modellen

$$\sigma_{x_i x_i} = \frac{F_{x_i}}{A} + \frac{M_{y_i}}{EI_{y_i y_i}} z_i + \frac{M_{z_i}}{EI_{z_i z_i}} y_i, \quad (6.13a)$$

$$\tau_{x_i y_i} = \frac{3 F_{y_i}}{2A} \left[1 - 4\left(\frac{y_i}{h}\right)^2\right] + \frac{2 M_{x_i}}{I_t} i,z_i, \quad (6.13b)$$

$$\tau_{x_i z_i} = \frac{3 F_{z_i}}{2A} \left[1 - 4\left(\frac{z_i}{b}\right)^2\right] + \frac{2 M_{x_i}}{I_t} i,y_i. \quad (6.13c)$$

6.2 Einsatz der Drehgelenke in einer Verfahreinheit

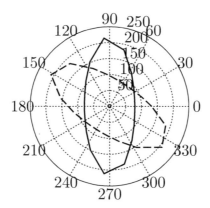

Abbildung 6.13: Richtungsabhängige Tischsteifigkeit [MN/m] des Biglide-Mechanismus unter Annahme idealer Drehgelenke gegenüber Lasten in der Ebene (x,y) in zwei Stellungen mittels FEM: Nullstellung (durchgezogen) Randstellung (gestrichelt)

Bis auf die Torsion ist die Auswertung einfach. Für die Bestimmung der durch Torsion hervorgerufenen Spannungsanteile ist die Kenntnis der Torsionsfunktion notwendig. Sie ist für bestimmte Querschnitte geschlossen oder in Reihendarstellung bekannt [52].
Neben dem Identifizieren der hochbeanspruchten Querschnitte und des Festigkeitsnachweises lässt sich aus diesem Modell auch die Steifigkeit des Mechanismus in verschiedenen Stellungen bestimmen, ähnlich zur Rechnung in Abschnitt 3.2.4, nur vereinfacht weil kleine Deformationen vorliegen. Es wird eine Betrachtung ausgewählter Positionen durchgeführt, um nachzuweisen, dass sich die Steifigkeit der gesamten Anordnung (Biglide-Mechanismus mit Trockengleitlagern) innerhalb der Vorgaben befindet. Dabei wird, wie in Abb. 6.13 dargestellt, die Richtungsabhängigkeit der Steifigkeit ausgewertet. Diese Ergebnisse zeigen nur kleine Verformungen und rechtfertigen so die zugrunde gelegte lineare Theorie. Die resultierenden Lagerreaktionen ermöglichen den Festigkeitsnachweis der Drehgelenke.

Gelenkdimensionierung

Drehgelenke führen axial und radial. Die Gewichtskraft verteilt sich je nach Stellung auf die zwei Schlitten mit jeweils zwei Axiallagern. Im Extremfall trägt eine Seite die ganze Gewichtskraft. Die Radiallager werden durch dynamische Kräfte beansprucht. Sie bestehen aus Hülsen, Bolzen und Gehäuse. Für die Auslegung werden die Maximalwerte der Strebenkraft F und des Lagermoments M_L aus der kinetischen Analyse (Tab. 6.7) und der Strebenanalyse des vorhergehenden Abschnitts verwendet. Durch die dynamische Belastung erhöht sich die Flächenpressung [91] zwischen Bolzen und Hülse

$$p_{FP} = p_N + \frac{F}{l_H d_H}. \tag{6.14}$$

Der Bolzen wird auf Biegung und Scherung beansprucht. Das Gehäuse kann als Balkentragwerk behandelt werden. Dabei handelt es sich um einen ähnlichen Fall wie bei der Streben-

6 Experimente und Beispielanwendung

Parameter	Wert
Steigung S	0.5 mm
Steigungswinkel φ_m	3.4
Kerndurchmesser d_m	2.39 mm
Dreieckswinkel	60
Reibwert μ_G	0.16

Tabelle 6.8: Zahlenwerte zur M3 Schraubverbindung [57]

berechnung. Er kann sowohl mittels FEM-Software (3D-Balken-, 3D-Kontinuumselemente) als auch analytisch untersucht werden.

Neben der Verformungsberechnung durch die dynamischen Strebenkräfte und Lagermomente ist auch die Steifigkeit des Gehäuses gegenüber der Vorspannung relevant. Für den Betrieb des piezoelektrischen Aktors ist eine definierte Vorspannung essentiell. Diese Vorspannkraft wird durch die Translation der Vorspannschraube erzeugt. Weil sich das Anzugsmoment der Schraube über einen Drehmomentenschlüssel gut einstellen lässt, wird im Folgenden der Zusammenhang zwischen Anzugsmoment und Vorspannung hergestellt. Dazu wird eine Kraft in Richtung der Vorspannschraube angenommen und der resultierende Anstieg der Kraft-Verschiebungskurve ermittelt. Diese Gehäusesteifigkeit nimmt im Modell des Prototyps den Wert

$$c_{g,v} = 5.6 \cdot 10^7 \text{ N/m} \tag{6.15}$$

an. Das Anzugsmoment M_A setzt sich aus der Arbeit zur Vorspannung M_W und der Reibung im Gewinde M_R zusammen. Reibung unter der Auflage tritt nicht auf, weil der Schraubenkopf hinausragt. Das Wirkmoment M_W lässt sich aus dem Gleichsetzen der durch dieses Moment geleisteten Arbeit und dem Zuwachs der in der Vorspannfeder gespeicherten Energie

$$M_W \mathrm{d}\varphi = cu\mathrm{d}u \tag{6.16}$$

berechnen. Der Winkel φ und die Translation u der Schraube hängen über die Steigung

$$S = \frac{2\pi u}{\varphi} \tag{6.17}$$

zusammen, und es folgt

$$M_W = \frac{S}{2\pi}F. \tag{6.18}$$

Für das durch die Reibung im Gewinde verursachte Moment findet sich in der Literatur zur Konstruktionslehre [57] der Zusammenhang

$$M_R = F\frac{d}{2}\tan(\varphi_m + \rho) \quad \text{mit} \quad \tan\rho = \frac{\mu_G}{\cos(\beta/2)}. \tag{6.19}$$

108

Darin stehen φ_m für den Steigungswinkel, α für den Dreieckswinkel und ρ für den Reibwinkel. Die Zahlenwerte für M3-Schrauben (Spitzgewinde) sind in Tab. 6.8 zusammengefasst. Der Zusammenhang zwischen Anzugsmoment und Vorspannkraft lautet schließlich

$$M_A = F \left[\frac{S}{2} + \frac{d_m}{2} \tan(\varphi_m + \rho) \right]. \tag{6.20}$$

Um die Untersuchungen zur Bolzenschwingung gemäß Abschnitt 4.3 durchführen zu können, verbleibt als letzte Unbekannte die Gesamtsteifigkeit c_v der Vorspannvorrichtung. Sie ist eine Reihenschaltung der Gehäusesteifigkeit und der Schraubensteifigkeit

$$c_v = \left[\frac{1}{c_{g,v}} + \frac{l_{M3}}{E \, \pi \, r_m^2} \right]^{-1}. \tag{6.21}$$

7 Zusammenfassung und Ausblick

Die Entwicklung reibungsarmer Mechanismen ist eine Anforderung der Produktionstechnik, um der fortschreitenden Miniaturisierung gerecht zu werden. Eine inhärente Aufgabe solcher Mechanismen ist die Erzeugung kleiner Wege und Geschwindigkeiten des Endeffektors. Zwingende Voraussetzung dafür sind reibungsfreie oder extrem reibungsarme Gelenke und Führungen. In dieser Arbeit wurden zwei Vorschläge für derartige Drehgelenke unterbreitet: Festkörpergelenke für große Ausschläge und Trockengleitlager mit Reibwertglättung. Beide Varianten sind bezüglich ihrer Einsatzbereiche, Auslegungsgrundlagen und regelungstechnischen Besonderheiten ausführlich dokumentiert. Die erzielten Ergebnisse sind anhand von Demonstratoren weitgehend validiert worden.

Festkörpergelenke bieten eine höhere Präzision als Trockengleitlager. Aufgrund der allseitigen Wirkung der Elastizität eignen sie sich entweder für kleine Arbeitsräume mit hohen Steifigkeitsanforderungen oder für große Arbeitsräume mit geringen Steifigkeitsanforderungen. Letzteres führt bis zum Extremfall des reinen Positionierens ohne Belastung.

Trockengleitlager beruhen auf einem völlig anderen Konzept. Sie bieten unbegrenzte Drehwinkel bei hoher Steifigkeit. Dafür müssen eine Minderung der Präzision und erhöhter Verschleiß in Kauf genommen werden.

Eine Lösung, die alle Vorteile vereint, existiert bisher nicht. Aber beide vorgeschlagenen Varianten erfüllen in der Summe einen Großteil der Anforderungen an Drehgelenke industriell genutzter Mechanismen, insbesondere für die Mikrofertigung. Vorgesehen ist der Einsatz dieser Gelenke in der Verfahreinheit einer Beispielmaschine. Ein Prototyp der Verfahreinheit ist bereits im Aufbau begriffen. Durch diese praktische Umsetzung wurden die erarbeiteten theoretischen Grundlagen angewendet und konstruktive Lösungen für die Integration der neuartigen Drehgelenke in einen Mechanismus entwickelt. Die gewonnenen Erkenntnisse haben sich somit als einsatzfähig erwiesen.

Während der Entwicklung ergaben sich neue Ansatzpunkte für die weitere Forschung. Einen solchen Ansatzpunkt stellt die dynamische Analyse großer Bewegungen und deren Berücksichtigung in der Auslegung von Festkörpergelenken dar. Zur Lebensdauerberechnung von Kerbgelenken gibt es offene Fragen bezüglich der Berücksichtigung des Belastungskollektivs und der Bestimmung entsprechender Versagenswahrscheinlichkeiten. Ein weiterer Forschungsansatz besteht in der Verbesserung der Eigenschaften der Festkörpergelenke durch gezielte Kombinationen von Werkstoffen (Compositeaufbau).

Betrachtet man nicht nur einzelne Gelenke, sondern nachgiebige Mechanismen als Ganzes, so eröffnet sich durch den Einsatz der Topologieoptimierung ein weites Gebiet. Gelingt es, entsprechende Zielfunktionen (geringe Antriebskräfte, hohe Störsteifigkeit) für zwei- oder dreidimensionale Arbeitsräume zu formulieren und Algorithmen zu deren Optimierung zu entwickeln, so wäre auch die nichtintuitive, automatisierte Gestaltung nachgiebiger Mechanismen für derartige Arbeitsräume möglich.

Im Bereich der Trockengleitlager gibt es auch Ansatzpunkte für die weitere Forschung. Entscheidend für die Reibwertglättung ist die Erzeugung der Relativbewegung der kontaktierenden Flächen. Es sollten Untersuchungen zur e zienten Anregung und zur Fokussierung der hochfrequenten Schwingung durchgeführt werden, um große Amplituden gezielt an der Kontaktstelle zu erzeugen.

Neben der Radiallagerung bietet sich die Erweiterung auf die gleichzeitige Radial- und Axiallagerung an. Das wird durch eine konische Gestaltung von Bolzen und Buchsen möglich. Dabei ergibt sich die Möglichkeit die Vorspannung so auszulegen, dass sie nachstellend wirkt. Abrasionsverluste können so über einen längeren Zeitraum kompensiert werden.

Beide in dieser Arbeit vorgeschlagenen Varianten von Drehgelenken zeichnen sich durch charakteristische Parameter aus. Zu diesen Parametern zählen die Kerbabmessungen der Festkörpergelenke und die Passung zwischen Lagerbolzen und -buchsen der Trockengleitlager. Schwankungen im Bereich der Fertigungstoleranzen können unzulässige Änderungen des Gelenkverhaltens nach sich ziehen. Zur Weiterentwicklung beider Drehgelenkvarianten gehören Untersuchungen hinsichtlich ihrer Sensitivität, um möglichst robust gegenüber Parameterschwankungen zu sein.

Zusammenfassend lässt sich feststellen, dass die Miniaturisierung ein wesentlicher Bestandteil des technischen Fortschritts ist. Die Herstellung von Bauteilen im Mikrometerbereich revolutioniert die bisherige Produktionstechnik. Die dabei aufgeworfenen Probleme werden zu neuen Lösungen führen. Konkret werden wahrscheinlich die in dieser Arbeit vorgeschlagenen Drehgelenke in vielen weiteren Anwendungen Einzug halten.

Anhang

A Lösung der Elastica-Gleichung für große Biegungen

Die Lösung nach Love [101] wird hier schrittweise hergeleitet. Dabei wird danach unterschieden, ob über der betrachteten Länge Wendepunkte (engl.: in exion) auftreten oder nicht.

Mit Wendepunkt $\frac{d}{ds}|_{s=0} = 0$

$$\left(\frac{d}{ds}\right)^2 = \frac{2R}{B}(\cos - \cos_0) \quad | \quad u = s\sqrt{R/B} \tag{A.1}$$

$$\left(\frac{d}{du}\right)^2 = 2(\cos - \cos_0) \quad | \quad \cos x = 1 - 2\sin^2\frac{x}{2} \tag{A.2}$$

$$\left(\frac{d}{du}\right)^2 = 4(\underbrace{\sin^2\frac{_0}{2}}_{k^2} - \sin^2\frac{}{2}) \quad | \quad \begin{matrix}\sin\frac{}{2} = k\sin\gamma \\ \frac{1}{2}\cos\frac{}{2}\frac{d}{du} = k\cos\gamma\frac{d\gamma}{du}\end{matrix} \tag{A.3}$$

$$\left(\frac{2k\cos\gamma}{\cos\frac{}{2}}\frac{d\gamma}{du}\right)^2 = 4k^2(1 - \sin^2\gamma) \quad | \quad k = \sin\frac{_0}{2} = 0\ldots 1 \tag{A.4}$$

$$\left(\frac{d\gamma}{du}\right)^2 = \frac{1 - \sin^2\gamma}{\cos^2\gamma}(1 - \sin^2\frac{}{2}) = 1 - k^2\sin^2\gamma \quad | \quad \pm\overline{\frac{d\gamma}{du}} \text{ zwei Lösungen} \tag{A.5}$$

$$du = \frac{d\gamma}{\sqrt{1 - k^2\sin\gamma}} \quad | \quad ,\ (0) = _0\ \gamma(0) = \frac{}{2} \tag{A.6}$$

$$u + K(k) = F\left(\operatorname{asin}\underbrace{\frac{\sin\frac{}{2}}{k}}_{\gamma}, k\right) \quad | \quad \gamma = \operatorname{am}[u + K(k)] \tag{A.7}$$

$$\underline{k\operatorname{sn}(u + K(k)) = \sin\frac{}{2} = k\sin\gamma} \quad | \quad x(s),\ y(s) \text{ aus (A.3)} \tag{A.8}$$

$$\left(\frac{d}{du}\right)^2 = 4k^2\left(1 - \operatorname{sn}^2(u + K(k))\right) \quad | \quad 1 - \operatorname{sn}^2 x = \operatorname{cn}^2 x \tag{A.9}$$

$$\frac{d}{du} = 2k\operatorname{cn}(u + K(k)) \quad | \quad \text{für später} \tag{A.10}$$

$$\frac{dx}{ds} = \cos \quad | \quad \text{(A.8)},\ \sin\frac{}{2} = \sqrt{\frac{1}{2}(1 - \cos)} \tag{A.11}$$

A Lösung der Elastica-Gleichung für große Biegungen

$$\frac{dx}{ds} = 1 - 2k^2 \text{sn}^2 \, u + K(k) \quad | \quad ds = \frac{du}{R/B} \tag{A.12}$$

$$dx = \frac{1 - 2k^2 \text{sn}^2 \, u + K(k)}{R/B} du \quad | \quad \int_0^v \ldots dv^*, \; v = u + K(k) \tag{A.13}$$

$$x = \sqrt{\frac{B}{R}} \left[\int_K^v 1 \, dv^* + 2 \int_K^v \underbrace{1 - k^2 \text{sn}^2 v^*}_{\text{dn}^2 v^*} dv^* \right] \quad | \quad \int_0^v \text{dn}^2 v^* \, dv^* = E(\text{am } v) \tag{A.14}$$

$$x = \sqrt{\frac{B}{R}} \left[u + 2 \left[\overbrace{E \, \text{am}[u+K]}^{\gamma} - \overbrace{E \, \text{am}[K]}^{\gamma(0)=\pi/2} \right] \right] \quad | \quad \text{weiter mit (A.11)} \tag{A.15}$$

Allgemein ist γ, es enthält γ_0 und $\gamma(s)$, günstig, um den Verformungzustand zu beschreiben, weil es als Integrationsgrenze in den elliptischen Integralen auftritt.

$$1 + 2 - 2k^2 \text{sn}^2(u+K) = \cos\gamma \quad | \quad 1 - k^2 \text{sn}^2 x = \text{dn}^2 x \tag{A.16}$$

$$-1 + 2\text{dn}^2(u+K) = \cos\gamma \quad | \quad d/du \tag{A.17}$$

$$-4k^2 \text{dn}(u+K) \, \text{sn}(u+K) \, \text{cn}(u+K) = -\sin\gamma \, d\gamma/du \quad | \quad \text{mit (A.10)} \tag{A.18}$$

$$2k \, \text{dn}(u+K) \, \text{sn}(u+K) = \sin\gamma \quad | \quad \sin\gamma = dy/ds \tag{A.19}$$

$$2k \, \text{dn}(u+K) \, \text{sn}(u+K) \sqrt{B/R} \, du = dy \quad | \quad \int_0^v \ldots dv^*, \; v = u + K(k) \tag{A.20}$$

$$y = \sqrt{\frac{B}{R}} 2k \int_0^v \underbrace{\text{dn} v^* \, \text{sn} v^*}_{-\text{cn} v + C} dv^* \quad | \quad y(0) = 0 \tag{A.21}$$

$$y = -2k \sqrt{\frac{B}{R}} \overbrace{\text{cn}(u+K)}^{\cos\gamma} \tag{A.22}$$

$$\tag{A.23}$$

Aus den RB des Balkens (freies Ende $\gamma(s=0) = \gamma_0$ und Einspannung $\gamma(s=L) = \gamma_L$) folgt der Skalierungsfaktor von $u \to s$ und damit R.

$$\text{sn}(u_L + K) = \sin\gamma_L \quad | \quad \text{(A.8) an der Stelle } s = L \tag{A.24}$$

$$u_L + K = F(\gamma_L, k) \quad | \quad \text{am } u = \varphi \to u = F(\varphi, k) \tag{A.25}$$

$$u_L = F(\gamma_L, k) - K(k) = L \sqrt{R/B} \quad | \quad \text{siehe (A.1)}, \; k = \sin\frac{\gamma_0}{2} \tag{A.26}$$

$$R = [F(\gamma_L, k) - K(k)]^2 \frac{B}{L^2} \quad | \quad \text{mit } \sin\gamma_L = \frac{\sin\frac{\gamma_L}{2}}{\sin\frac{\gamma_0}{2}} \tag{A.27}$$

Alternativ lassen sich zwei andere der drei Größen φ_0, L, R vorgeben. Die dritte folgt stets aus Gl. (A.8).

Ohne Wendepunkt

$$\left(\frac{d\varphi}{ds}\right)^2 = \frac{2R}{B}\left(\cos\varphi + 1 + 2\frac{1}{k^2} - \frac{k^2}{k^2}\right) \;\Big|\; u = \frac{\sqrt{R/B}}{k}s \tag{A.28}$$

$$\left(\frac{d\varphi}{du}\right)^2 = 4\left(1 - k^2\sin^2\frac{\varphi}{2}\right) \;\Big|\; \varphi^* = \frac{\varphi}{2}, \ldots \varphi^* \tag{A.29}$$

$$u = \int_0^{\varphi^*} \frac{2\,d\varphi^*}{2\sqrt{1 - k^2\sin^2\varphi^*}} \tag{A.30}$$

$$\underline{\operatorname{sn}(u) = \sin\frac{\varphi}{2}} \;\Big|\; x(s), y(s): \text{Einsetzen in (24)} \tag{A.31}$$

$$\left(\frac{d\varphi}{du}\right)^2 = 4(1 - k^2\operatorname{sn}^2 u) \;\Big|\; 1 - k^2\operatorname{sn}^2 x = \operatorname{dn}^2 x \tag{A.32}$$

$$\frac{d\varphi}{du} = 2\operatorname{dn} u \;\Big|\; \frac{du}{ds} = \frac{\sqrt{R/B}}{k} \tag{A.33}$$

$$\frac{d\varphi}{ds} = 2\frac{\sqrt{R/B}}{k}\operatorname{dn} u \tag{A.34}$$

$$\frac{dx}{ds} = \cos\varphi \;\Big|\; \cos\varphi = 1 - \sin^2\frac{\varphi}{2} \tag{A.35}$$

$$dx = \left(-1 + 2(1 - \operatorname{sn}^2 u)\right)\frac{k}{\sqrt{R/B}}du \;\Big|\; 1 - k^2\operatorname{sn}^2 x = \operatorname{dn}^2 x \tag{A.36}$$

$$dx = \left(1 - \frac{2}{k^2} + \frac{2}{k^2}\operatorname{dn}^2 u\right)k\sqrt{\frac{B}{R}}du \;\Big|\; \ldots du, \int_0^{u^*}\operatorname{dn}^2 u\,du = E(\operatorname{am} u) \tag{A.37}$$

$$x = k\sqrt{\frac{B}{R}}\left[\left(1 - \frac{2}{k^2}\right)u + \frac{2}{k^2}E(\operatorname{am} u, k)\right] \tag{A.38}$$

$$\underline{\sin\frac{\varphi}{2} = \sqrt{\frac{1}{2}(1 - \cos\varphi)} = \operatorname{sn} u} \tag{A.39}$$

$$\cos\varphi = -1 + 2\underbrace{(1 - \operatorname{sn}^2 u)}_{\operatorname{cn}^2 u} \;\Big|\; \frac{d}{ds} = \frac{d}{du}\frac{du}{ds} \tag{A.40}$$

$$\frac{d}{ds}\sin\varphi = 4\operatorname{sn} u\operatorname{cn} u\operatorname{dn} u\frac{k}{\sqrt{R/B}} \;\Big|\; \cdot\left(\frac{d\varphi}{ds}\right)^{-1} \text{aus (30)} \tag{A.41}$$

A Lösung der Elastica-Gleichung für große Biegungen

$$\frac{dy}{ds} = \sin = 2\,\text{sn}\,u\,\text{cn}\,u \quad | \quad ds = \frac{ds}{du}du \tag{A.42}$$

$$dy = \frac{2}{k^2}k^2\text{sn}\,u\,\text{cn}\,u\,\frac{k}{\overline{R/B}}du \quad | \quad \ldots du \tag{A.43}$$

$$\underline{\underline{y = \frac{2}{k}\sqrt{\frac{B}{R}}\,\text{dn}\,u}} \tag{A.44}$$

B Ergebnisse der inversen Dynamik

Kinematische Ergebnisse

    Kreisfahrt

        Schlittenpositionen y

        Schlittengeschwindigkeiten $\dot{y}$

        Schlittenbeschleunigungen $\ddot{y}$

    Querfahrt

        Schlittenpositionen y

        Schlittengeschwindigkeiten $\dot{y}$

        Schlittenbeschleunigungen $\ddot{y}$

Kinetische Ergebnisse

    Kreisfahrt

        Antriebskräfte F_x

        Zwangskräfte F_y

        Zwangsmomente M_z

    Querfahrt

        Antriebskräfte F_x

        Zwangskräfte F_y

        Zwangsmomente M_z

B Ergebnisse der inversen Dynamik

B.1 Kinematische Ergebnisse

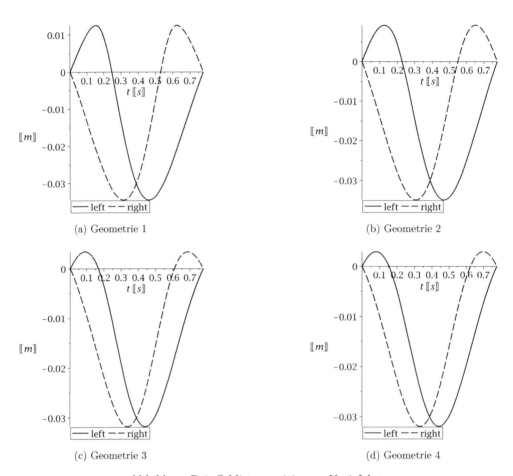

Abbildung B.1: Schlittenpositionen, Kreisfahrt

B.1 Kinematische Ergebnisse

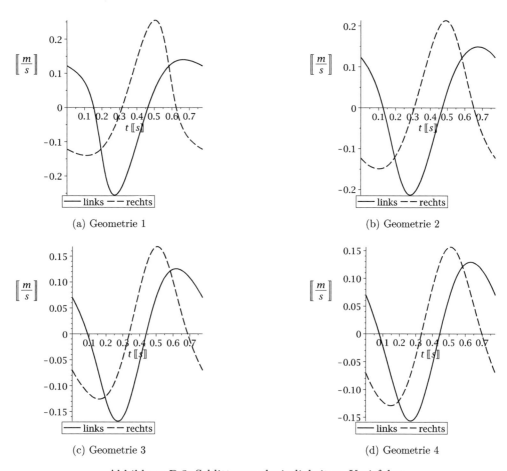

Abbildung B.2: Schlittengeschwindigkeiten, Kreisfahrt

B Ergebnisse der inversen Dynamik

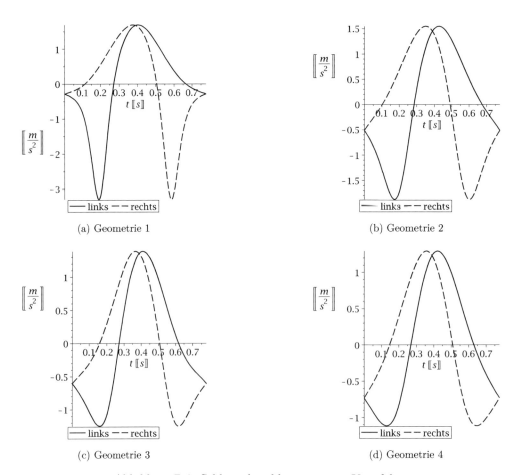

Abbildung B.3: Schlittenbeschleunigungen, Kreisfahrt

B.1 Kinematische Ergebnisse

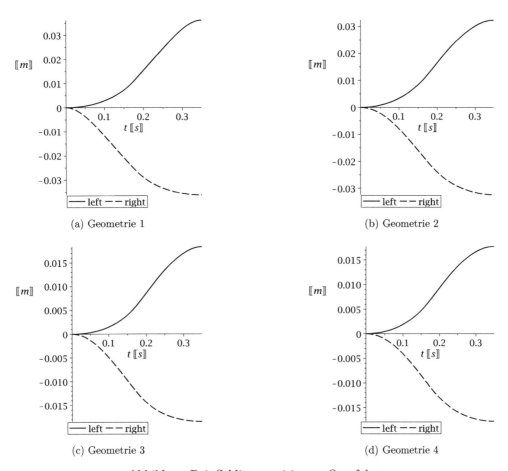

Abbildung B.4: Schlittenpositionen, Querfahrt

B Ergebnisse der inversen Dynamik

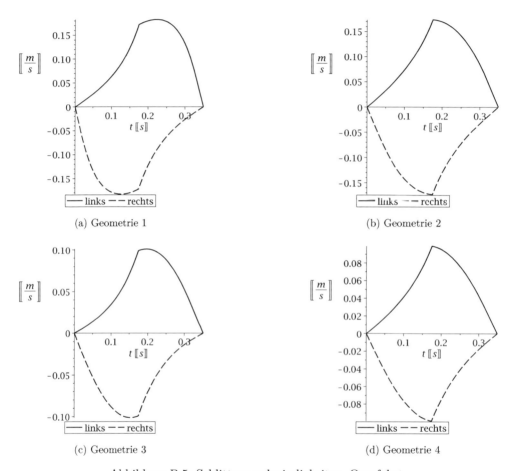

Abbildung B.5: Schlittengeschwindigkeiten, Querfahrt

B.1 Kinematische Ergebnisse

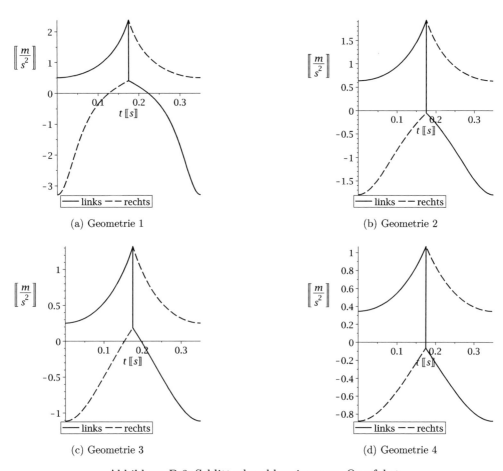

Abbildung B.6: Schlittenbeschleunigungen, Querfahrt

B Ergebnisse der inversen Dynamik

B.2 Kinetische Ergebnisse

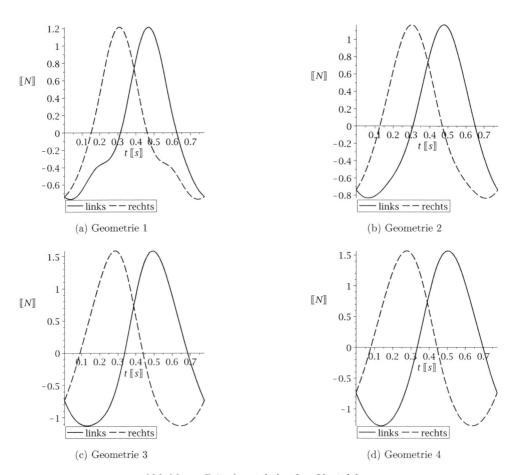

Abbildung B.7: Antriebskräfte, Kreisfahrt

B.2 Kinetische Ergebnisse

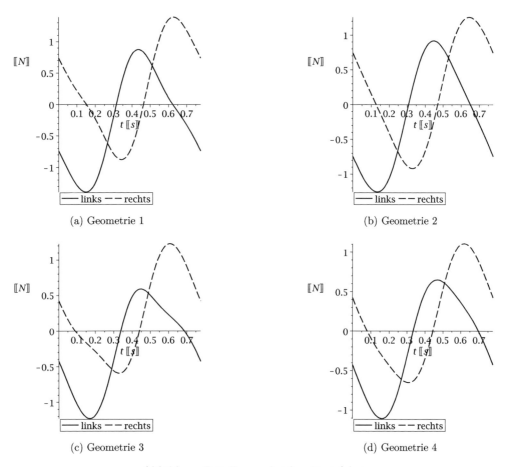

Abbildung B.8: Zwangskräfte, Kreisfahrt

B Ergebnisse der inversen Dynamik

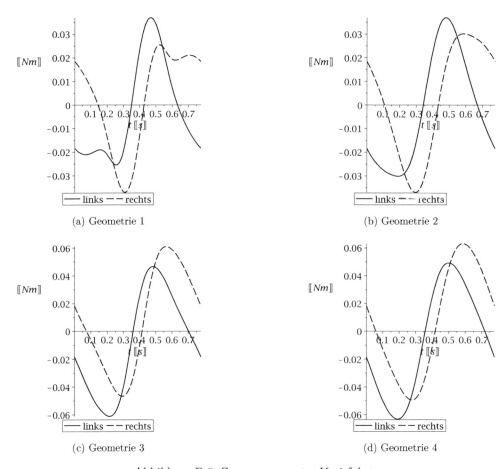

Abbildung B.9: Zwangsmomente, Kreisfahrt

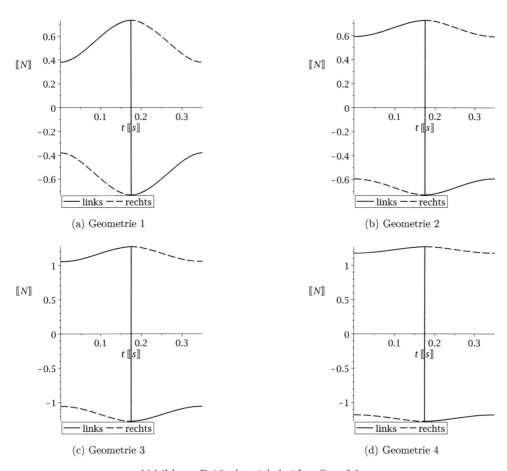

Abbildung B.10: Antriebskräfte, Querfahrt

B Ergebnisse der inversen Dynamik

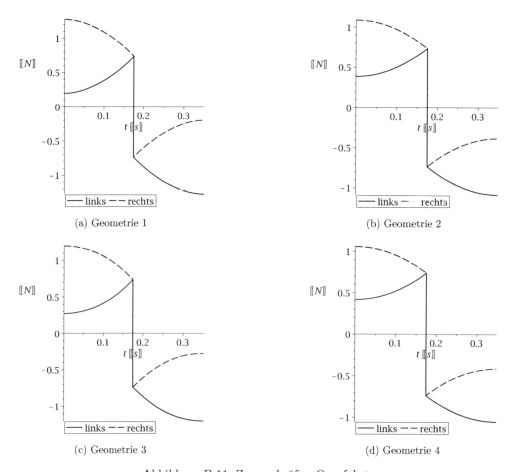

Abbildung B.11: Zwangskräfte, Querfahrt

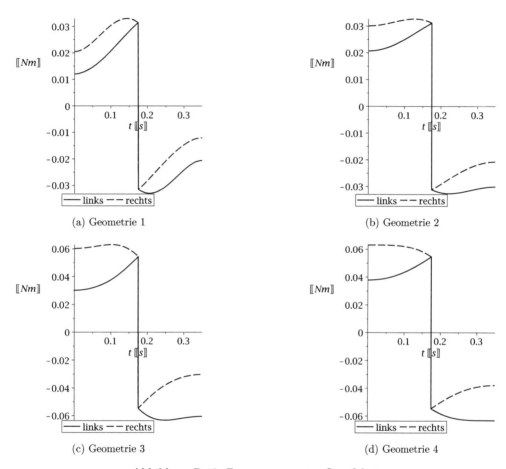

Abbildung B.12: Zwangsmomente, Querfahrt

C Aspekte der Entwicklung eines Prototyps

Der Prototyp der Verfahreinheit ist als Modul für den Einsatz in einer Beispielmaschine vorgesehen. An dieser Maschine soll der praktische Funktionsnachweis erbracht werden, dass die neu entwickelten Module kompatibel zueinander sind und die Vorgaben, die u.a. über das Prüfwerkstück definiert sind, erfüllt werden. Das Ziel des ersten Prototyps besteht nur im prinzipiellen Funktionsnachweis. Anhand der mit ihm gewonnenen praktischen Lösungen und den Erkenntnissen aus den mit ihm durchgeführten Experimenten sollen Modifikationen für die nächsten Versionen abgeleitet werden. Weiterhin sollen in den nächsten Iterationen die Schnittstellen angeglichen werden.

C.1 Schnittstellen- und Kommunikationskonzept der Verfahreinheit

Um die Werkzeugmaschine ad-hoc an wechselnde Fertigungsaufgaben anpassen zu können, ist diese modular aufgebaut. Damit sich die Verfahreinheit in dieses Modulkonzept einfügt, muss sie kompatibel zu allen anderen Komponenten der Maschine sein. Die Voraussetzung dafür ist die Verwendung einheitlicher Schnittstellen. Dabei werden drei Arten von Schnittstellen unterschieden: mechanische, leistungselektrische und datenübertragende.
Die Verbindungen des Datenaustausches sind in Abb. C.1 skizziert. Der Regler ist auf einem dSPACE-Board [40] implementiert. Er empfängt von der übergeordneten Steuerung (PC) Befehle (Start, Stop, Bahnbeschreibung, Kalibration) in einer standardisierten Befehlssprache und liefert Statusmeldungen zurück. Im Betrieb sind die Sollwerte vorgegeben und die Istwerte des Endeffektors werden von den Radarsensoren erfasst. Diese Positionswerte werden als digitale Daten (uint32=4Byte) übertragen. Momentan läuft die Übertragung über die serielle Schnittstelle (RS232, 8N1, 9.6kbaud). Aus den Sollwerten des Endeffektors berechnet der Regler die Sollwerte der Linearantriebe und übergibt sie dem Achsregler. Der Achsregler empfängt die mit einem Glasmaßstab gemessene Position des Schlittens über die digitale Schnittstelle (incremental encoder) und gibt pro Achse zwei analoge Spannungssignale für die zwei Ventile (V1, V2) aus. In Zukunft soll der Glasmaßstab in den Achsen durch Radarsensoren ersetzt werden. Weil das Standard dSPACE System (ds1104) nur über zwei digitale Schnittstellen verfügt (RS232/485, incremental encoder) und die serielle Schnittstelle in ihrer Datenübertragungsrate begrenzt ist, soll in Zukunft auf ein Board (cRIO) der Firma National Instruments [108] umgestellt werden. Damit lassen sich die Schnittstellen als Einsteckkarten modular kombinieren und der Austausch zwischen Regler, Ein- und Ausgängen läuft über einen internen Bus.

C Aspekte der Entwicklung eines Prototyps

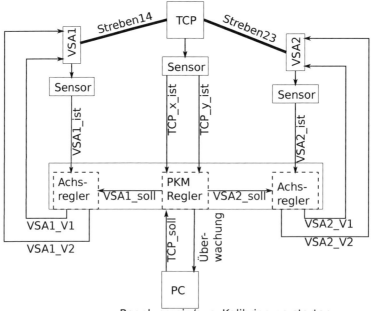

Abbildung C.1: Kommunikationskonzept der Verfahreinheit

C.2 Konstruktive Umsetzung der Verfahreinheit

Im Prototyp wird der parallelkinematische Mechanismus erstmalig mit den hydraulischen Linearachsen und dem Radarwegmesssystem kombiniert. Der momentane Stand des Prototyps ist in Abb. C.2 zu sehen. Dieser Prototyp bildet zunächst nur die halbe Verfahreinheit ab, da eine Linearachse fixiert ist. Er dient in erster Linie zum Aufdecken aller fertigungstechnischen und betriebstechnischen Restriktionen sowie zum konkreten Umsetzen der Schnittstellen.

Der ursprüngliche Mechanismus ist aus Wälzlagern aufgebaut, die sich nahtlos durch Trockengleitlager ersetzen lassen (Abb. C.3). Auf diese Art und Weise müssen nicht acht Stück der neuen Lager gefertigt werden, sondern sie können einzeln getestet werden. Ferner dienen die Wälzlager als Referenzlösung zum Bewerten des Forschungserfolgs der neuen Drehgelenke. Als Experimente zum Charakterisieren der Verfahreinheit sind vorgesehen:

Modellabgleich (Parameterbestimmung, Validierung),

Präzision und Wiederholgenauigkeit der Endeffektortrajektorien,

Dynamiktest: Geschwindigkeiten und Beschleunigungen sowie Antriebs- und Zwangskräfte,

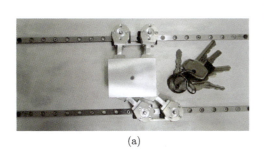 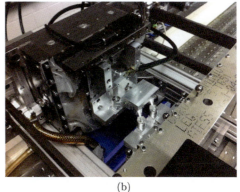

(a) (b)

Abbildung C.2: Biglide-Mechanismus ohne Antriebe (a) und im Prototyp (b)

Abbildung C.3: CAD-Modell des Biglide-Mechanismus mit sieben Wälzlagern und einem Trockengleitlager mit Reibwertglättung (Transversaleffekt)

Steifigkeit und Übertragungsfunktion gegenüber angreifenden Lasten,

Modalanalyse in ausgewählten Positionen.

C.3 Vision einer Beispielmaschine

Das primäre Ziel der Entwicklung dieser Beispielmaschine [8] ist ein günstiges Verhältnis zwischen Bau- und Arbeitsraum. Trotzdem soll die Präzision am Endeffektor dem aktuellen Stand der Technik entsprechen. In einem Raum von $364 \times 321 \times 415$ mm^3 ist eine komplette Werkzeugmaschine zur dreiachsigen Bearbeitung eines $70 \times 30 \times 10$ mm^3 Arbeitsraumes untergebracht. Darin kommen kleine neuartige Maschinenkomponenten zum Einsatz. Ein weiteres Entwicklungsziel besteht im Erreichen einer hohen Modularität die-

C Aspekte der Entwicklung eines Prototyps

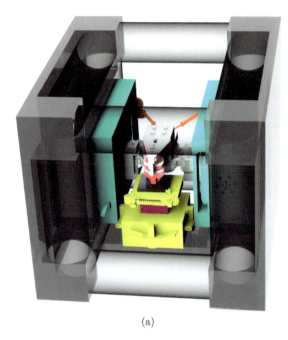

(a)

Abbildung C.4: Vision einer Beispielmaschine als Ergebnis der Zusammenarbeit von acht Projekten des SPP1476 [8]

ser Komponenten. Aus ihnen aufgebaute Maschinen lassen sich ad-hoc umkonfigurieren. Einzelne Module sind leicht ersetzbar. Abb. C.4 zeigt die angestrebte Beispielmaschine, die Komponenten aus acht Projekten des SPP 1476 vereint. Diese Komponenten sind ein modulares, würfelförmiges Leichtbau-Gestell aus CFK-Rohren [66], zwei hochintegrierte hydraulische Antriebsmodule [45], vier radarbasierte Abstandssensoren [114], eine durch Formgedächtnis-Aktoren angetriebene Verfahrachse [122], eine Gefrierspanneinheit [152], eine luftgelagerte Hochfrequenzspindel [7], eine einheitliche Schnittstelle zwischen den Modulen [54] und die im vorigen Abschnitt vorgestellte parallelkinematische Verfahreinheit. Die Anforderungen an die Maschine sind über ein Prüfwerkstück definiert. Als beispielhafter Anwendungsfall dient die spanende Bearbeitung von Formeinsätzen für Spritzgießprozesse. Die Entwicklung der Verfahreinheit orientiert sich, wie die Entwicklung weiterer Komponenten auch, an dieser Beispielmaschine. Diese Maschine wurde konzipiert, um frühzeitig auf die Modularitätsforderungen aufmerksam zu machen und die Abstimmung einzelner Projekte untereinander zu konkretisieren.

Literaturverzeichnis

[1] ADAMY, J.: *Nichtlineare Regelungen*. Springer-Verlag Berlin Heidelberg, 2009. ISBN 9783642007934

[2] ALOIS SCHMITT GMBH UND CO. KG: *Lagerprogramm Walzstahl*. http://www.eisen-schmitt.de. Version: 2013

[3] ARMSTRONG-HÉLOUVRY, B.: *Control of machines with friction*. Kluwer Academic Publishers Dordrecht, 1991 (Kluwer international series in engineering and computer science: Robotics). ISBN 9780792391333

[4] ARMSTRONG-HÉLOUVRY, Brian ; DUPONT, Pierre ; DE WIT, Carlos C.: A survey of models, analysis tools and compensation methods for the control of machines with friction. In: *Automatica* 30 (1994), Nr. 7, S. 1083 1138

[5] ASHBY, M.F.: *Elastic Hinges and Couplings*. http://www.globalspec.com/reference/30828/203279/6-8-elastic-hinges-and-couplings. Version: 2013

[6] ASTASHEV, V.K. ; BABITSKY, V.I.: *Ultrasonic processes and machines: dynamics, control and applications*. Springer-Verlag Berlin Heidelberg, 2007. ISBN 354072060X

[7] AURICH, Jan ; REICHENBACH, Ingo ; SCHÜLER, Guido: Manufacture and application of ultra-small micro end mills. In: *CIRP Annals-Manufacturing Technology* 61 (2012), S. 83 86

[8] AYHAN, S. ; BAUER, J. ; GERDES, A. ; GRIMSKE, S. ; HEINZE, T. ; KERN, D. ; MÜLLER, C. ; POLLMANN, J.: Effektiv auf kleinstem Raum. In: *maschine+werkzeug* (2013), Nr. 2, S. 76 77

[9] BALAS, G.J. ; DOYLE, J.C. ; GLOVER, K. ; PACKARD, A. ; SMITH, R.: μ-analysis and synthesis toolbox. In: *MUSYN Inc. and The MathWorks, Natick MA* (1993)

[10] BELLESCIZE, Henri de: La reception synchrone. In: *Onde Electr.* 11 (1932), S. 230 240

[11] BELLOUARD, Yves ; CLAVEL, Reymond: Shape memory alloy exures. In: *Materials Science and Engineering: A* 378 (2004), Nr. 1, S. 210 215

[12] BERNOULLI, J.: Curvatura laminae elasticae. In: *Acta Eruditorium, Leipzig* (1694)

[13] BERTRAM, A.: *Elasticity and plasticity of large deformations: an introduction*. Springer-Verlag Heidelberg, 2008. ISBN 364224615X

[14] BEST, R.E.: *Phase-Locked Loops: Design, Simulation, and Applications*. McGraw-Hill New York, 2007. ISBN 9780071595216

[15] BITTENCOURT, A. C. ; GUNNARSSON, S.: Static Friction in a Robot Joint„ Modeling and Identification of Load and Temperature Effects. In: *Journal of Dynamic Systems, Measurement, and Control* 134 (2012), Nr. 5, S. 88 97

[16] BLEKHMAN, Ilya: *Selected topics in vibrational mechanics*. Bd. 11. Imperial College Press London, 2004. ISBN 8177644572

[17] BORN, M.: Stabilität der elastischen Linie in Ebene und Raum. In: *Preisschrift und Dissertation, Göttingen, Dieterichsche Universitäts-Buchdruckerei Göttingen* (1906), S. 5 101

[18] BOWDEN, F.P. ; TABOR, D.: *The friction and lubrication of solids*. Clarendon Press Oxford, 1986. ISBN 0198507771

[19] BRECHER, C. ; UTSCH, P. ; KLAR, R. ; WENZEL, C.: Compact design for high precision machine tools. In: *International Journal of Machine Tools and Manufacture* 50 (2010), Nr. 4, S. 328 334

[20] BRONSTEIN, Ilja N. ; SEMENDJAJEW, Konstantin A. ; MUSIOL, Gerhard ; MÜHLIG, Heiner: *Taschenbuch der Mathematik*. Verlag Harri Deutsch Frankfurt am Main, 2001. ISBN 3817120079

[21] CHATTERJEE, S. ; SINGHA, T.K. ; KARMAKAR, S.K.: Effect of high-frequency excitation on a class of mechanical systems with dynamic friction. In: *Journal of sound and vibration* 269 (2004), Nr. 1, S. 61 89

[22] CHEN, G. ; SHAO, X. ; HUANG, X.: A new generalized model for elliptical arc exure hinges. In: *Review of Scientific Instruments* 79 (2008), Nr. 9, S. 095103 1 095103 8

[23] CHIANG, R.Y. ; SAFONOV, M.G. ; MATHWORKS, Inc: *Robust Control Toolbox for Use with MATLAB®: User's Guide*. MathWorks, Incorporated, 1997

[24] CHOI, K.B. ; HAN, C.S.: Optimal design of a compliant mechanism with circular notch exure hinges. In: *Proceedings of the Institution of Mechanical Engineers, Part C: Journal of Mechanical Engineering Science* 221 (2007), Nr. 3, S. 385 392

[25] COLEMAN, T. ; BRANCH, M.A. ; GRACE, A.: Optimization toolbox. In: *For Use with MATLAB. Users Guide for MATLAB 5, Version 2, Release II* (1999)

[26] COMSOL MULTIPHYSICS GMBH: *COMSOL Multipyhsics v4.3a*. http://www.comsol.de. Version: 2013

[27] CONRAD, Klaus-Jörg u. a.: *Taschenbuch der Werkzeugmaschinen*. Hanser-Verlag München, 2002. ISBN 3446406417

[28] CZICHOS, H. ; HABIG, K.H.: *Tribologie-Handbuch: Reibung und Verschleiss*. Vieweg-Teubner-Verlag Wiesbaden, 2010. ISBN 3834896608

[29] DA SILVA, M.R.M.: Non-linear exural- exural-torsional-extensional dynamics of beams„ I. Formulation. In: *International journal of solids and structures* 24 (1988), Nr. 12, S. 1225 1234

[30] DA SILVA, M.R.M.: Non-linear exural- exural-torsional-extensional dynamics of beams„ II. Response Analysis. In: *International journal of solids and structures* 24 (1988), Nr. 12, S. 1225 1234

[31] DA SILVA, M.R.M. C. ; GLYNN, C.C.: Nonlinear exural- exural-torsional dynamics of inextensional beams. II. Forced motions. In: *Journal of Structural Mechanics* 6 (1978), Nr. 4, S. 449 461

[32] DADO, Mohammad H.: Variable parametric pseudo-rigid-body model for large-de ection beams with end loads. In: *International journal of non-linear mechanics* 36 (2001), Nr. 7, S. 1123 1133

[33] DE BONA, F. ; MUNTEANU, M.: Optimized exural hinges for compliant micromechanisms. In: *Analog integrated circuits and signal processing* 44 (2005), Nr. 2, S. 163 174

[34] DEUFLHARD, P. ; HOHMANN, A.: *Numerische Mathematik*. De Gruyter Berlin, 2002 (De Gruyter Lehrbuch Bd. 1). ISBN 9783110171822

[35] DIRKSEN, F. ; ANSELMANN, M. ; ZOHDI, T.I. ; LAMMERING, R.: Incorporation of exural hinge fatigue-life cycle criteria into the topological design of compliant small-scale devices. In: *Precision Engineering* (2013), S. 531 541

[36] DIRKSEN, F. ; LAMMERING, R.: On mechanical properties of planar exure hinges of compliant mechanisms. In: *Mechanical Science* 1 (2011), S. 109 117

[37] DIRKSEN, Frank ; BERG, Thomas ; LAMMERING, Rolf ; ZOHDI, Tarek: Topology synthesis of large-displacement compliant mechanisms with specific output motion paths. In: *PAMM* 12 (2012), Nr. 1, S. 801 804

[38] DORF, R. C. ; BISHOP, R. H.: Modern control systems. In: *Pearson London* 199 (1995). ISBN 0131383108

[39] DRESIG, H. ; HOLZWEISSIG, F. ; ROCKHAUSEN, L.: *Maschinendynamik*. Springer-Verlag Heidelberg, 2011. ISBN 9783642160103

[40] DSPACE DIGITAL SIGNAL PROCESSING AND CONTROL ENGINEERING GMBH: *dSPACE Systeme*. http://www.dspace.de. Version: 2013

[41] ELISEYEV, V.V.: The non-linear dynamics of elastic rods. In: *Journal of Applied Mathematics and Mechanics* 52 (1988), Nr. 4, S. 493 498

[42] EULER, L. ; CARATHÉODORY, C.: *Methodus inveniendi lineas curvas maximi minimive proprietate gaudentes sive solutio problematis isoperimetrici latissimo sensu accepti*. Birkhaeuser Basel, 1744 (1952). ISBN 3764314249

[43] FEENY, B.F. ; MOON, F.C.: Quenching stick-slip chaos with dither. In: *Journal of Sound and Vibration* 237 (2000), Nr. 1, S. 173 180

[44] FITE, K. ; GOLDFARB, M.: Position control of a compliant mechanism based micromanipulator. In: *Robotics and Automation, 1999. Proceedings. 1999 IEEE International Conference on* Bd. 3 IEEE, 1999, S. 2122 2127

[45] FLEISCHER, J. ; BAUER, J.: Highly Integrated Piezo-Hydraulic Feed Axis. In: *Procedia CIRP* 1 (2012), S. 325 329

[46] FLEISCHER, J. ; SEEMANN, W. ; ZWICK, T. ; AYHAN, S. ; BAUER, J. ; KERN, D. ; SCHERR, S.: Antriebsmodul für die Mikrobearbeitung. In: *wt-online* (2012), Nr. 11/12-2012, S. 724 729

[47] FRISCH-FAY, R.: *Flexible bars*. Butterworths London, 1962. ISBN 0 8403 2994 6

[48] FULLER, C.R. ; ELLIOTT, S.J. ; NELSON, P.A.: *Active control of vibration*. Academic Press Inc. London, 1996. ISBN 0122694414

[49] GÄRTNER, E. ; FRÜHAUF, J. ; JÄNSCH, E. ; REUTER, D.: Flexural solid hinges etched from silicon. In: *Proceedings of the EUSPEN International Conference* Bd. 1. Aachen, 2003, S. 43 46

[50] GNILKE, Walter: *Lebensdauerberechnung der Maschinenelemente*. VEB Verlag Technik Berlin, 1982. VT 2/5406-1

[51] GOKCEK, C.: Tracking the resonance frequency of a series RLC circuit using a phase locked loop. In: *Control Applications, 2003. CCA 2003. Proceedings of 2003 IEEE Conference on* Bd. 1 IEEE, 2003, S. 609 613

[52] GÖLDNER, Hans: *Arbeitsbuch Höhere Festigkeitslehre*. Fachbuchverlag Leipzig, 1981. ISBN 3343008052

[53] GOVINDJEE, Sanjay ; MIEHE, Christian: A multi-variant martensitic phase transformation model: formulation and numerical implementation. In: *Computer Methods in Applied Mechanics and Engineering* 191 (2001), Nr. 3, S. 215 238

[54] GRIMSKE, S. ; KONG, N. ; ROEHLIG, B. ; WULFSBERG, J.P.: Square Foot Manufacturing Advanced Design and Implementation of Mechanical Interfaces. In: *11th EUSPEN International Conference*. Como/Italy, 2011

[55] GROSS, Dietmar ; HAUGER, Werner ; WRIGGERS, Peter: *Technische Mechanik 4: Hydromechanik, Elemente der Höheren Mechanik, Numerische Methoden*. Bd. 4. Springer-Verlag Heidelberg, 2011. ISBN 3642199844

[56] GROSS, Dietmar ; SEELIG, Thomas: *Bruchmechanik: mit einer Einführung in die Mikromechanik.* Springer-Verlag Heidelberg, 2011. ISBN 3642101968

[57] GROTE, K.H. ; FELDHUSEN, J.: *DUBBEL: Taschenbuch für den Maschinenbau.* Springer-Verlag Heidelberg, 2007. ISBN 3642173063

[58] GU, D.W. ; PETKOV, P.H. ; KONSTANTINOV, M.M.: *Robust control design with MATLAB.* Springer Verlag London, 2005

[59] HAIBACH, Erwin: *Betriebsfestigkeit: Verfahren und Daten zur Bauteilberechnung.* Springer-Verlag New York, 2002. ISBN 3540293639

[60] HASBERG SCHNEIDER GMBH: *Präzisionslehrenband und kalibrierte Unterlagsfolien.* http://www.hasberg-schneider.de/praezisions-lehrenband-technische-informationen.html. Version: 2013

[61] HEIMANN, B. ; GERTH, W. ; POPP, K.: *Mechatronik: Komponenten-Methoden-Beispielen.* Hanser-Verlag Leipzig, 2006. ISBN 3446405992

[62] HEINZE, T. ; KOCH, S. ; VERL, A.: Adaptive Friction Bearings. In: *Actuator, 13th International Conference on New Actuators.* Bremen, 2012, S. 161 169

[63] HENEIN, S.: Tutorial on the design of exure-mechanisms. In: *International Conference on Compliant Mechanisms (CoMe)*, TU Delft, 2011

[64] HENEIN, S. ; THURNER, M. ; STEINECKER, A.: *Flexible micro-gripper for micro-factory robots.* http://csnej106.csem.ch/detailed/pdf/a_611-microgripper.pdf. Version: 2003. Neuchatel, Switzerland, Centre Suisse d Electronique et de Microtechnique (CSEM)

[65] HEUSER, Harro: *Gewöhnliche Differentialgleichungen.* Bd. 4. Teubner-Verlag Wiesbaden, 1995. ISBN 3834807052

[66] HOFFMEISTER, Hans-Werner ; GERDES, Arne ; VERL, Alexander ; HEINZE, Tobias: Kompakte Maschinenmodule für kleine Werkzeugmaschinen. In: *VDI Z-Integrierte Produktion* 154 (2012), Nr. 9, S. 60 67

[67] HOLMES, D.G. ; LIPO, T.A.: *Pulse Width Modulation for Power Converters: Principles and Practice.* John Wiley & Sons Chichester, 2003 (IEEE Press Series on Power Engineering). ISBN 9780471208143

[68] HORIE, Mikio ; UCHIDA, Tooru ; KAMIYA, Daiki: A Pantograph Mechanism with Large-de ective Hinges for Miniature Surface Mount Systems. In: *Transactions of the Japan Society of Mechanical Engineers. C* 66 (2000), Nr. 648, S. 2804 2809

[69] HOWELL, Larry L. ; MIDHA, A: A method for the design of compliant mechanisms with small-length exural pivots. In: *Journal of Mechanical Design* 116 (1994), S. 280 290

Literaturverzeichnis

[70] HOWELL, L.L.: *Compliant mechanisms*. Wiley-Interscience New York, 2001. ISBN 047138478X

[71] HOWELL, L.L. ; MIDHA, A.: Parametric deflection approximations for end-loaded, large-deflection beams in compliant mechanisms. In: *Journal of Mechanical Design* 117 (1995), S. 156–166

[72] HOXHOLD, B. ; WREGE, J. ; BÜTEFISCH, S. ; BURISCH, A. ; RAATZ, A. ; HESSELBACH, J. ; BÜTTGENBACH, S.: Tools for Handling and Assembling of Microparts. In: *Design and Manufacturing of Active Microsystems*. Springer-Verlag Berlin Heidelberg, 2011. ISBN 978-3-642-12902-5, S. 287–308

[73] IIJIMA, Daisuke ; ITO, Sumio ; HAYASHI, Akira ; AOYAMA, Hisayuki ; YAMANAKA, Masashi: Micro turning system: a super small CNC precision lathe for microfactories. In: *3rd International Workshop on Microfactories, IWMF 2002*. Tampere, 2002, S. 37–40

[74] INSTITUT FÜR MIKROSTRUKTURTECHNIK DES KIT: *LIGA-Verfahren*. http://www.imt.kit.edu/liga.php. Version: 2013

[75] IPRI, Susan L. ; ASADA, Haruhiko: Tuned dither for friction suppression during force-guided robotic assembly. In: *Intelligent Robots and Systems 95.'Human Robot Interaction and Cooperative Robots', Proceedings. 1995 IEEE International Conference* Bd. 1. Pittsburgh, 1995, S. 310–315

[76] ISHII, Yuki ; THÜMMEL, Thomas ; HORIE, Mikio: Dynamic characteristic of miniature molding pantograph mechanisms for surface mount systems. In: *Microsystem technologies* 11 (2005), Nr. 8, S. 991–996

[77] ITI GMBH DRESDEN: *SimulationX v3.5*. http://www.iti.de. Version: 2013

[78] JANOCHA, H.: *Unkonventionelle Aktoren: Eine Einführung*. Oldenbourg Wissenschaftsverlag, 2010. ISBN 9783486589153

[79] JOHNSON, Craig T. ; LORENZ, Robert D.: Experimental identification of friction and its compensation in precise, position controlled mechanisms. In: *Industry Applications, IEEE Transactions on* 28 (1992), Nr. 6, S. 1392–1398

[80] KAR, I.N. ; MIYAKURA, T. ; SETO, K.: Bending and torsional vibration control of a flexible plate structure using H∞-based robust control law. In: *Control Systems Technology, IEEE Transactions on* 8 (2000), Nr. 3, S. 545–553

[81] KAUFMAN, J.G.: *Properties of Aluminum Alloys: Fatigue Data and the Effects of Temperature, Product Form, and Processing*. ASM International (OH), 2008. ISBN 0871708035

[82] KERN, D. ; BAUER, J. ; SEEMANN, W.: Control of Compliant Mechanisms with Large Deflections. In: BERAN, Jaroslav (Hrsg.) ; BÍLEK, Martin (Hrsg.) ; HEJNOVA,

Monika (Hrsg.) ; ZABKA, Petr (Hrsg.) ; CECCARELLI, Marco (Hrsg.): *Advances in Mechanisms Design* Bd. 8. Springer Netherlands, 2012. – ISBN 978 94 007 5125 5, S. 193 199

[83] KERN, D. ; BRACK, T. ; SEEMANN, W.: Resonance Tracking of Continua Using Self-Sensing Actuators. In: *Journal of dynamic systems, measurement, and control* 134 (2012), Nr. 5, S. 051004 1 051004 9

[84] KERN, D. ; RÖSNER, M. ; SEEMANN, W.: Failure analysis of highly predeformed beams used as exure hinges. In: *PAMM* 12 (2012), Nr. 1, S. 209 210

[85] KERN, D. ; SEEMANN, W.: Analysis of a Compliant Mechanism for Positioning in the cm-Range. In: *PAMM* 11 (2011), Nr. 1, S. 235 236

[86] KIMBALL, C. ; TSAI, L.W.: Modeling of exural beams subjected to arbitrary end loads. In: *Journal of Mechanical Design* 124 (2002), S. 223 234

[87] KOLLMANN, F.G.: *Welle-Nabe-Verbindungen: Gestaltung, Auslegung, Auswahl.* Springer-Verlag Berlin Heidelberg, 1983. – ISBN 354012215X

[88] KOMVOPOULOS, K.: Stability and resolution analysis of a phase-locked loop natural frequency tracking system for MEMS fatigue testing. In: *ASME J. Dyn. Syst. Meas. Contr* 124 (2002), Nr. 4, S. 599 605

[89] KOVÁRI, Kálmán: *Räumliche Verzweigungsprobleme des dünnen elastischen Stabes mit endlichen Verformungen*, ETH Zuerich, Diss., 1969. – 390 416 S. – Aus : Ingenieur-Archiv, 37. 1969

[90] KRAGELSKI, I.W.: *Reibung und Verschleiss.* VEB-Verlag Technik Leipzig, 1971. – ISBN 3446114742

[91] KÜNNE, B.: *Köhler/Rögnitz Maschinenteile 1 und 2.* Bd. 1. Vieweg-Teubner-Verlag Wiesbaden, 2007. – ISBN 3835192353

[92] KUSSUL, E. ; BAIDYK, T. ; RUIZ-HUERTA, L. ; CABALLERO-RUIZ, A. ; VELASCO, G. ; KASATKINA, L.: Development of micromachine tool prototypes for microfactories. In: *Journal of Micromechanics and Microengineering* 12 (2002), Nr. 6, S. 795 801

[93] LABORATORIUM FERTIGUNGSTECHNIK, HELMUT SCHMIDT UNIVERSITÄT HAMBURG: *DFG-Schwerpunktprogramm SPP 1476.* http://www.spp1476.de. Version: 2013

[94] LIN, Yueh-Jaw ; SONG, Shin-Min: A comparative study of inverse dynamics of manipulators with closed-chain geometry. In: *Journal of Robotic Systems* 7 (1990), Nr. 4, S. 507 534

[95] LITTMANN, W. ; STORCK, H. ; WALLASCHEK, J.: Sliding friction in the presence of ultrasonic oscillations: superposition of longitudinal oscillations. In: *Archive of applied mechanics* 71 (2001), Nr. 8, S. 549 554

[96] LOBONTIU, N.: *Compliant mechanisms: design of flexure hinges.* CRC Press Boca Raton, 2003. ISBN 0849313678

[97] LOBONTIU, N. ; GARCIA, E. ; HARDAU, M. ; BAL, N.: Stiffness characterization of corner-filleted exure hinges. In: *Review of scientific instruments* 75 (2004), Nr. 11, S. 4896 4905

[98] LOBONTIU, N. ; PAINE, J.S.N. ; O'MALLEY, E. ; SAMUELSON, M.: Parabolic and hyperbolic exure hinges: exibility, motion precision and stress characterization based on compliance closed-form equations. In: *Precision Engineering* 26 (2002), Nr. 2, S. 183 192

[99] LOBONTIU, Nicolae ; GARCIA, Ephrahim: Analytical model of displacement amplification and stiffness optimization for a class of exure-based compliant mechanisms. In: *Computers and Structures* 81 (2003), Nr. 32, S. 2797 2810

[100] LOHSE, G.: *Kippen.* Werner-Verlag Düsseldorf, 1980. ISBN 3804140963

[101] LOVE, A.E.H.: *A Treatise on the mathematical theory of elasticity.* Dover Publications, New York, 1944. ISBN 1113223650

[102] MAGNUS, K. ; POPP, K. ; SEXTRO, W.: *Schwingungen.* Vieweg-Teubner-Verlag Wiesbaden, 2008. ISBN 3835101935

[103] MATTSON, Christopher A. ; HOWELL, Larry L. ; MAGLEBY, Spencer P.: Development of commercially viable compliant mechanisms using the pseudo-rigid-body model: case studies of parallel mechanisms. In: *Journal of intelligent material systems and structures* 15 (2004), Nr. 3, S. 195 202

[104] MEMRY CORPORATION: *from melt to market-all the nitinol capabilities you need under one company roof.* http://memry.com. Version: 2013

[105] MITSKEVICH, A.M.: Motion of a body over a tangentially vibrating surface, taking into account of friction. In: *Soviet Physics–Acoustics* 13 (1968), S. 348 351

[106] MODLER, K.-H.: Compliant Mechanisms. In: BERAN, Jaroslav (Hrsg.) ; BÍLEK, Martin (Hrsg.) ; HEJNOVA, Monika (Hrsg.) ; ZABKA, Petr (Hrsg.) ; CECCARELLI, Marco (Hrsg.): *Advances in Mechanisms Design* Bd. 8. Springer Netherlands, 2012. ISBN 978 94 007 5125 5

[107] MURRENHOFF, H.: *Servohydraulik.* Shaker-Verlag Aachen, 2002 (Reihe Fluidtechnik). ISBN 9783826598784

[108] NATIONAL INSTRUMENTS CORPORATION: *NI CompactRIO: Kompaktes, leistungsstarkes und rekonfigurierbares Steuerungs- und Ueberwachungssystem.* http://www.ni.com/compactrio/d/. Version: 2013

[109] NEUGEBAUER, Reimund: *Parallelkinematische Maschinen: Entwurf, Konstruktion, Anwendung.* Springer-Verlag Berlin Heidelberg, 2005. ISBN 3540299394

[110] NOCEDAL, J. ; WRIGHT, S.J.: *Numerical Optimization.* Springer-Verlag Berlin Heidelberg, 1999 (Springer Series in Operations Research). ISBN 9780387987934

[111] NODA, Nao-Aki ; TAKASE, Yasushi: Generalized stress intensity factors of V-shaped notch in a round bar under torsion, tension, and bending. In: *Engineering Fracture Mechanics* 70 (2003), Nr. 11, S. 1447 1466

[112] NOVOZHILOV, Valentin V.: *Foundations of the nonlinear theory of elasticity.* Dover Publications, New York, 1999. ISBN 0486406849

[113] OBERHETTINGER, Fritz ; MAGNUS, Wilhelm: *Anwendung der elliptischen Funktionen in Physik und Technik.* Bd. 55. Springer-Verlag Berlin, 1949. ISBN 3642209548

[114] PAULI, Mario ; AYHAN, Serdal ; SCHERR, Steffen ; RUSCH, Christian ; ZWICK, Thomas: Range detection with micrometer precision using a high accuracy FMCW radar system. In: *Systems, Signals and Devices (SSD), 2012 9th International Multi-Conference on.* Chemnitz, 2012, S. 1 4

[115] PEDERSEN, Claus B. ; BUHL, Thomas ; SIGMUND, Ole: Topology synthesis of large-displacement compliant mechanisms. In: *International Journal for numerical methods in engineering* 50 (2001), Nr. 12, S. 2683 2705

[116] PEPPER, Darrell W. ; HEINRICH, Juan C.: *The finite element method: basic concepts and applications.* Taylor & Francis Oxford, 1992. ISBN 1591690277

[117] PERVOZVANSKI, Anatoli A. ; WIT, Carlos Canudas-de: Asymptotic analysis of the dither effect in systems with friction. In: *Automatica* 38 (2002), Nr. 1, S. 105 113

[118] PHILLIP, Andrew G. ; KAPOOR, Shiv G. ; DEVOR, Richard E.: A new acceleration-based methodology for micro/meso-scale machine tool performance evaluation. In: *International Journal of Machine Tools and Manufacture* 46 (2006), Nr. 12, S. 1435 1444

[119] PHYSIK INSTRUMENTE (PI) GMBH: *Grundlagen der Nanostelltechnik.* http://www.physikinstrumente.de/de/pdf_extra/2009_PI_Katalog_Grundlagen_der_Nanostelltechnik-Tutorial.pdf. Version: 2012

[120] PHYSIK INSTRUMENTE (PI) GMBH: *Webseite der Physik Instrumente (PI) GmbH.* http://www.physikinstrumente.de. Version: 2013

[121] POHLMAN, R. ; LEHFELDT, E.: In uence of ultrasonic vibration on metallic friction. In: *Ultrasonics* 4 (1966), Nr. 4, S. 178 185

[122] POLLMANN, Jan: Positioning by Standardized Shape Memory Alloy Actuators in Machining Applications. In: *The International Conference on Shape Memory and Superelastic Technologies (SMST)* ASM, 2013

[123] POPOV, V.L.: *Contact Mechanics and Friction: Physical Principles and Applications.* Springer-Verlag Berlin Heidelberg, 2010. ISBN 9783642108020

[124] PREUMONT, A.: *Mechatronics: dynamics of electromechanical and piezoelectric systems*. Kluwer Academic Publishers Dordrecht, 2006. – ISBN 9048171733

[125] PREUMONT, André ; SETO, Kazuto: *Active control of structures*. John Wiley Ltd. Chichester, 2008. – ISBN 978 0 470 03393 7

[126] RAATZ, A.: *Stoffschluessige Gelenke aus pseudo-elastischen Formgedaechtnislegierungen in Parallelrobotern*, TU Braunschweig, Diss., 2006

[127] REISSNER, E.: On a simple variational analysis of small finite deformations of prismatical beams. In: *Zeitschrift für Angewandte Mathematik und Physik (ZAMP)* 34 (1983), Nr. 5, S. 642 648

[128] RICHTLINIE DES MONATS – VDI/NCG 5211 BLATT 3: *Effiziente Überprüfung von Mikrofräsmaschinen*. http://www.vdi.de/presse/artikel/effiziente-ueberpruefung-von-mikrofraesmaschinen. Version: 2013

[129] RÖSNER, M. ; LAMMERING, R.: Basic principles and aims of model order reduction in compliant mechanisms. In: *Mechanical Sciences* 2 (2011), S. 197 204

[130] RÖSNER, Malte ; LAMMERING, Rolf: Model order reduction methods and their possible application in compliant mechanisms. In: *PAMM* 12 (2012), Nr. 1, S. 709 710

[131] RYU, Jae W. ; GWEON, Dae-Gab: Error analysis of a exure hinge mechanism induced by machining imperfection. In: *Precision Engineering* 21 (1997), Nr. 2, S. 83 89

[132] SAADA, A.S.: *Elasticity: Theory and Applications*. J. Ross Publishing Fort Lauderdale, 2009 (J Ross Publishing Series). – ISBN 9781604270198

[133] SAFONOV, M.G. ; CHIANG, R.Y. ; LIMEBEER, D.J.N.: Optimal Hankel model reduction for nonminimal systems. In: *Automatic Control, IEEE Transactions on* 35 (1990), Nr. 4, S. 496 502

[134] SANTILLAN, S. ; VIRGIN, L.N. ; PLAUT, R.H.: Equilibria and vibration of a heavy pinched loop. In: *Journal of sound and vibration* 288 (2005), Nr. 1-2, S. 81 90

[135] SBN WÄLZLAGER GMBH UND CO. KG: *Webseite der SBN Wälzlager GmbH und Co. KG*. http://www.sbn.de. Version: 2013

[136] SCHAEFFLER TECHNOLOGIES AG UND CO. KG: *Webseite der Schaeffler Technologies AG und Co. KG*. http://www.ina.de. Version: 2013

[137] SCHÖNE, W.: *Differentialgeometrie*. Teubner-Verlag Wiesbaden, 1978. – ISBN 3322004090

[138] SHABANA, A.A.: *Dynamics of multibody systems*. Cambridge University Press, 2005. – ISBN 0521154227

[139] SHAMPINE, L.F. ; KIERZENKA, J. ; REICHELT, M.W.: Solving boundary value problems for ordinary differential equations in MATLAB with bvp4c. In: *Tutorial Notes* (2000). http://200.13.98.241/~martin/irq/tareas1/bvp_paper.pdf

[140] SILVA, M.R.M. Crespo d. ; GLYNN, C.C.: Nonlinear flexural- flexural-torsional dynamics of inextensional beams. I. Equations of motion. In: *Journal of Structural Mechanics* 6 (1978), Nr. 4, S. 437 448

[141] SPEICH, J. ; GOLDFARB, M.: A compliant-mechanism-based three degree-of-freedom manipulator for small-scale manipulation. In: *Robotica* 18 (2000), Nr. 01, S. 95 104

[142] STAICU, S. ; CARP-CIOCARDIA, D.C.: Dynamic analysis of Clavel s delta parallel robot. In: *International Conference on Robotics and Automation (ICRA)* Bd. 3 IEEE, 2003, S. 4116 4121

[143] STAN, Sergiu-Dan ; MATIES, Vistrian ; BALAN, Radu: Optimal Design of Parallel Kinematics Machines with 2 Degrees of Freedom. (2008). ISBN 978 3 902613 40 0

[144] TANAKA, Makoto: Development of desktop machining microfactory. In: *Riken Review* (2001), Nr. 34, S. 46 49

[145] TANG, Xueyan ; CHEN, I-Ming: Robust control of XYZ flexure-based micromanipulator with large motion. In: *Frontiers of Mechanical Engineering in China* 4 (2009), Nr. 1, S. 25 34

[146] THOMSEN, J.J.: Using fast vibrations to quench friction-induced oscillations. In: *Journal of Sound and Vibration* 228 (1999), Nr. 5, S. 1079 1102

[147] TIMOSHENKO, S.P. ; GERE, J.M.: *Theory of elastic stability*. McGraw-Hill, New York, 1961. ISBN 0486134806

[148] TREASE, Brian P. ; MOON, Yong-Mo ; KOTA, Sridhar: Design of large-displacement compliant joints. In: *Journal of mechanical design* 127 (2005), S. 788 797

[149] TSAI, Lung-Wen: Solving the inverse dynamics of a Stewart-Gough manipulator by the principle of virtual work. In: *Journal of Mechanical design* 122 (2000), S. 31 39

[150] TSAI, L.W.: *Mechanism Design: Enumeration of Kinematic Structures According to Function*. Taylor & Francis Oxford, 2010 (Mechanical and Aerospace Engineering Series). ISBN 9780849309014

[151] TSEYTLIN, Yakov M.: Notch flexure hinges: An effective theory. In: *Review of Scientific Instruments* 73 (2002), Nr. 9, S. 3363 3368

[152] VERL, A. ; HOFFMEISTER, H.W. ; WURST, K.H. ; HEINZE, T. ; GERDES, A. ; KALTHOUM, M.: Kleine Werkzeugmaschine für kleine Werkstücke. In: *wt-online* (2012), Nr. 11/12, S. 744 749

[153] VIRGIN, Lawrence N.: *Vibration of axially-loaded structures*. Cambridge University Press, 2007. ISBN 1139467077

[154] WANG, Jiegao ; GOSSELIN, Clement M.: A new approach for the dynamic analysis of parallel manipulators. In: *Multibody System Dynamics* 2 (1998), Nr. 3, S. 317 334

[155] WASHIZU, K.: *Variational methods in elasticity and plasticity*. Pergamon Press Oxford, 1982

[156] WAUER, J.: Kontinuumsschwingungen. In: *Vieweg-Teubner-Verlag Wiesbaden* (2008). ISBN 3835102206

[157] WECK, M. ; BRECHER, C.: *Werkzeugmaschinen: Maschinenarten und Anwendungsbereiche*. Springer-Verlag Heidelberg, 2005 (VDI-Buch). ISBN 9783540280859

[158] WECK, M. ; BRECHER, C.: *Werkzeugmaschinen 4-Automatisierung von Maschinen und Anlagen*. Springer-Verlag Heidelberg, 2006. ISBN 3540225072

[159] WITTENBURG, J.: *Dynamics of multibody systems*. Springer-Verlag Heidelberg, 2008. ISBN 3540739149

[160] WOLF KUNSTSTOFF-GLEITLAGER GMBH: *Wartungsfreie Präzisionsbuchsen für Gleitlager aus ZEDEX Kunststoffen*. http://zedex.de/fileadmin/contentadmin_images/download/Downloadbereich/Maschinenelemente/Gleitlager.pdf. Version: 2003

[161] WOODALL, Scott R.: On the large amplitude oscillations of a thin elastic beam. In: *International Journal of Non-linear Mechanics* 1 (1966), Nr. 4, S. 217 238

[162] WULFSBERG, J. P. ; GRIMSKE, S. ; KOHRS, P. ; KONG, N.: Kleine Werkzeugmaschinen für kleine Werkstücke Zielstellungen und Vorgehensweise des DFG-Schwerpunktprogramms 1476. In: *wt Werkstattstechnik online* (2010), Nr. 100, S. 886 891

[163] WULFSBERG, J.P. ; REDLICH, T. ; KOHRS, P.: Square Foot Manufacturing: a new production concept for micro manufacturing. In: *Production Engineering* 4 (2010), Nr. 1, S. 75 83

[164] YONG, Yuen K. ; LU, Tien-Fu ; HANDLEY, Daniel C.: Review of circular exure hinge design equations and derivation of empirical formulations. In: *Precision engineering* 32 (2008), Nr. 2, S. 63 70

[165] ZELENIKA, Sa a ; MUNTEANU, Mircea ; DE BONA, Francesco: Optimized exural hinge shapes for microsystems and high-precision applications. In: *Mechanism and Machine Theory* 44 (2009), Nr. 10, S. 1826 1839

[166] ZHAO, Jing-Shan ; ZHOU, Kai ; FENG, Zhi-Jing: A theory of degrees of freedom for mechanisms. In: *Mechanism and machine theory* 39 (2004), Nr. 6, S. 621 643

[167] ZHOU, K. ; DOYLE, J.C.: *Essentials of robust control*. Bd. 104. Prentice Hall Upper Saddle River, New Jersey, 1998.   ISBN 0135258332

[168] ZIENKIEWICZ, Olgierd C. ; TAYLOR, Robert L.: *The Finite Element Method: Solid Mechanics*. Bd. 2. Butterworth-Heinemann Oxford, 2000.   ISBN 0750664312

KARLSRUHER INSTITUT FÜR TECHNOLOGIE (KIT)
SCHRIFTENREIHE DES INSTITUTS FÜR TECHNISCHE MECHANIK (ITM)

ISSN 1614-3914

Die Bände sind unter www.ksp.kit.edu als PDF frei verfügbar oder als Druckausgabe zu bestellen.

Band 1   Marcus Simon
         Zur Stabilität dynamischer Systeme mit stochastischer
         Anregung. 2004
         ISBN 3-937300-13-9

Band 2   Clemens Reitze
         Closed Loop, Entwicklungsplattform für mechatronische
         Fahrdynamikregelsysteme. 2004
         ISBN 3-937300-19-8

Band 3   Martin Georg Cichon
         Zum Einfluß stochastischer Anregungen auf mechanische
         Systeme. 2006
         ISBN 3-86644-003-0

Band 4   Rainer Keppler
         Zur Modellierung und Simulation von Mehrkörpersystemen
         unter Berücksichtigung von Greifkontakt bei Robotern. 2007
         ISBN 978-3-86644-092-0

Band 5   Bernd Waltersberger
         Strukturdynamik mit ein- und zweiseitigen Bindungen
         aufgrund reibungsbehafteter Kontakte. 2007
         ISBN 978-3-86644-153-8

Band 6   Rüdiger Benz
         Fahrzeugsimulation zur Zuverlässigkeitsabsicherung
         von karosseriefesten Kfz-Komponenten. 2008
         ISBN 978-3-86644-197-2

Band 7   Pierre Barthels
         Zur Modellierung, dynamischen Simulation und
         Schwingungsunterdrückung bei nichtglatten, zeitvarianten
         Balkensystemen. 2008
         ISBN 978-3-86644-217-7

KARLSRUHER INSTITUT FÜR TECHNOLOGIE (KIT)
SCHRIFTENREIHE DES INSTITUTS FÜR TECHNISCHE MECHANIK (ITM)

ISSN 1614-3914

Band 8   Hartmut Hetzler
         Zur Stabilität von Systemen bewegter Kontinua mit
         Reibkontakten am Beispiel des Bremsenquietschens. 2008
         ISBN 978-3-86644-229-0

Band 9   Frank Dienerowitz
         Der Helixaktor – Zum Konzept eines vorverwundenen
         Biegeaktors. 2008
         ISBN 978-3-86644-232-0

Band 10 Christian Rudolf
         Piezoelektrische Self-sensing-Aktoren zur Korrektur
         statischer Verlagerungen. 2008
         ISBN 978-3-86644-267-2

Band 11 Günther Stelzner
         Zur Modellierung und Simulation biomechanischer
         Mehrkörpersysteme. 2009
         ISBN 978-3-86644-340-2

Band 12 Christian Wetzel
         Zur probabilistischen Betrachtung von Schienen- und
         Kraftfahrzeugsystemen unter zufälliger Windanregung. 2010
         ISBN 978-3-86644-444-7

Band 13 Wolfgang Stamm
         Modellierung und Simulation von Mehrkörpersystemen
         mit flächigen Reibkontakten. 2011
         ISBN 978-3-86644-605-2

Band 14 Felix Fritz
         Modellierung von Wälzlagern als generische
         Maschinenelemente einer Mehrkörpersimulation. 2011
         ISBN 978-3-86644-667-0

KARLSRUHER INSTITUT FÜR TECHNOLOGIE (KIT)
SCHRIFTENREIHE DES INSTITUTS FÜR TECHNISCHE MECHANIK (ITM)

ISSN 1614-3914

Band 15   Aydin Boyaci
          Zum Stabilitäts- und Bifurkationsverhalten hochtouriger
          Rotoren in Gleitlagern. 2012
          ISBN 978-3-86644-780-6

Band 16   Rugerri Toni Liong
          Application of the cohesive zone model to the analysis
          of rotors with a transverse crack. 2012
          ISBN 978-3-86644-791-2

Band 17   Ulrich Bittner
          Strukturakustische Optimierung von Axialkolbeneinheiten.
          Modellbildung, Validierung und Topologieoptimierung. 2013
          ISBN 978-3-86644-938-1

Band 18   Alexander Karmazin
          Time-efficient Simulation of Surface-excited Guided
          Lamb Wave Propagation in Composites. 2013
          ISBN 978-3-86644-935-0

Band 19   Heike Vogt
          Zum Einfluss von Fahrzeug- und Straßenparametern
          auf die Ausbildung von Straßenunebenheiten. 2013
          ISBN 978-3-7315-0023-0

Band 20   Laurent Ineichen
          Konzeptvergleich zur Bekämpfung der Torsionsschwingungen
          im Antriebsstrang eines Kraftfahrzeugs. 2013
          ISBN 978-3-7315-0030-8

Band 21   Sietze van Buuren
          Modeling and simulation of porous journal bearings in
          multibody systems. 2013
          ISBN 978-3-7315-0084-1

KARLSRUHER INSTITUT FÜR TECHNOLOGIE (KIT)
SCHRIFTENREIHE DES INSTITUTS FÜR TECHNISCHE MECHANIK (ITM)

ISSN 1614-3914

Band 22 Dominik Kern
Neuartige Drehgelenke für reibungsarme Mechanismen. 2013
ISBN 978-3-7315-0103-9